Psychologie für Führungskräfte
von der Linde/von der Heyde

Bibliografische Information der Deutschen Nationalbibliothek

Die Deutsche Nationalbibliothek verzeichnet diese Publikation in der Deutschen Nationalbibliografie; detaillierte bibliografische Daten sind im Internet über http://dnb.d-nb.de abrufbar.

ISBN 978-3-648-00337-4 Bestell-Nr. 00295-0003

Redaktionsanschrift: Fraunhoferstraße 5, 82152 Planegg/München
Telefon: (089) 895 17-0
Telefax: (089) 895 17-290
www.haufe.de
online@haufe.de
Produktmanagement: Dipl.-Kffr. Kathrin Menzel-Salpietro

Redaktion und DTP: Ulrich Leinz, 10829 Berlin
Umschlag: Grafikhaus, 80469 München

Psychologie für Führungskräfte

Boris von der Linde
Anke von der Heyde

Haufe Mediengruppe
Freiburg · Berlin · München

Inhaltsverzeichnis

Alle 14 Kompetenztests auf einen Blick

Schnelleinstieg – Was Ihnen dieses Buch bietet

Der Aufgaben- und Verantwortungsbereich einer Führungskraft ist immens gestiegen. Es geht nicht mehr nur darum, als Vorgesetzter einem Arbeitnehmer Aufgaben zu übertragen und die genaue Ausführung Schritt für Schritt zu überwachen. Aus dem früheren Befehlsempfänger ist längst ein Mitarbeiter geworden, mit dem gemeinsam Ziele erreicht werden, und damit ein Mensch, dessen Bedürfnisse zu berücksichtigen sind. Ohne ein Basiswissen über die menschliche Psyche, über grundlegende und immer wieder auftretende Reaktionsmuster in bestimmten Situationen wird es einer Führungskraft nicht gelingen, ihre vielfältigen Aufgaben – von der Mitarbeiterauswahl bis zur Konfliktlösung – zu erfüllen.
In diesem Buch werden wir Ihnen die Grundkenntnisse der Psychologie vermitteln. Nach der Lektüre werden Sie einige Reaktionen, Ansichten und Verhaltensweisen besser verstehen, seien es solche Ihrer Mitarbeiter – oder auch Ihre eigenen.

Wichtige Kompetenzen im Führungsalltag

Um die vielfältigen fachlichen und menschlichen Aufgaben sicher bewältigen zu können, muss eine moderne Führungskraft über eine Reihe Fähigkeiten verfügen. Die wichtigsten dieser sogenannten Soft Skills sind Analysevermögen, Handlungs- und Resultatsorientierung, Motivationsfähigkeit, Zielorientierung, Durchsetzungs- und Konfliktfähigkeit, Einfühlungsvermögen und soziale Flexibilität, Kommunikations- und Überzeugungskraft, unternehmerisches und strategisches Denken sowie Selbstreflexion und Veränderungsbereitschaft. Hinter diesen Schlagworten verbergen sich bestimmte Verhaltensweisen, die den jeweiligen Soft Skill ausmachen. Wir zeigen Ihnen, welche dies sind und warum sie im Führungsalltag gebraucht werden.

1. Kapitel: Psychologische Grundbausteine für Führungskräfte

Grundsätzlich ist jeder Mensch einzigartig. Dennoch gibt es Theorien, die versuchen, die unendliche Vielfalt der menschlichen Persönlichkeit in ein Raster zu bringen und so verständlich zu machen. Ein einfaches und praxisnahes Beispiel ist das Vier-Typen-Modell. Auch wenn keiner dieser Typen je in Reinform auftritt, ermöglicht das Modell eine erste schnelle Einschätzung.

Je größer das Selbstwertgefühl eines Mitarbeiters ist, desto eher wird er bereit und in der Lage sein, sich neuen Herausforderungen zu stellen und an Aufgaben zu wachsen. Für die Führungskraft sind das Selbstwertgefühl und die Möglichkeiten, es auszubauen, also wichtige Faktoren in der Mitarbeiterentwicklung. Wir zeigen Ihnen, wie sich Selbstwert aufbaut und zusammensetzt und woran Sie mangelndes Selbstwertgefühl erkennen.

Im beruflichen Alltag fällt es manchmal schwer, bestimmte Einstellungen und Verhaltensweisen beim anderen zu verstehen. Dann ist es hilfreich zu wissen, welche Funktionen die menschliche Einstellung hat, wie sie entsteht und wie sie verändert werden kann.

In den letzten beiden Abschnitten beschäftigt sich dieses Kapitel mit dem Rollendilemma der Führungskraft sowie ausführlich mit der Frage, was einen wirksamen Führungsstil auszeichnet. Nahezu jeder Vorgesetzte befindet sich in einem Rollendilemma: Viele unterschiedliche Erwartungen sind mit dieser Position verbunden, die nicht immer miteinander vereinbar sind. Die Führungskraft soll kooperativ führen, aber gleichzeitig auf die Erreichung der Zahlen drängen. Von ihr wird erwartet, dass sie ihre Energie dem Unternehmen widmet, zugleich aber ist sie auch soziales Wesen mit Familie und Freunden. Einen echten Ausweg aus diesen Dilemmata gibt es nicht, wohl aber einen Weg, um damit umzugehen.

Schließlich stellen wir Ihnen das Konzept der situativen Führung vor. Es schlägt vier konkrete Führungsstile vor, die ausgehend vom Reifegrad des Mitarbeiters zum Einsatz kommen sollten. Kompetenztests unterstützen Sie dabei, eine eigene Standortbestimmung in den besprochenen Fragen vorzunehmen.

2. Kapitel: Menschen einschätzen können

Eine Fehlentscheidung im Einstellungsverfahren kann verheerende Folgen haben: Im schlimmsten Fall verlässt der neue Mitarbeiter das Unternehmen schnell wieder und die Suche beginnt von vorn – nur dass zwischenzeitlich viel Zeit und Geld „verbrannt" wurden. Dieses Kapitel geht der Frage nach, warum es immer wieder zu Fehleinschätzungen anderer Menschen kommt. Welchen Wahrnehmungsverzerrungen unterliegen wir, warum ist uns eine Person sympathischer als andere und warum ist es so gefährlich, dem ersten Eindruck nachzugeben? Wir zeigen Ihnen, wie Sie Ihre Menschenkenntnis ausbauen und sich vor Wahrnehmungsverzerrungen schützen können. Dabei berücksichtigen wir die drei wichtigsten Instrumente der Bewerbereinschätzung: die Unterlagen, das Interview und das Assessment-Center. Aus allen drei können Sie mit der richtigen Technik Informationen ziehen, die zu einem möglichst objektiven Urteil führen. Im Mittelpunkt steht immer die Frage: „Passt dieser Kandidat zu unserem Anforderungsprofil?"

3. Kapitel: Die Psychologie der Motivation

Zweifelsohne gehört es zu den wichtigsten Aufgaben einer Führungskraft, ihren Mitarbeitern zu ermöglichen, motiviert zu arbeiten. Aber was treibt Menschen überhaupt an, etwas zu tun? Warum engagiert sich jemand im Tierschutzverein – nicht aber an seinem Arbeitsplatz? Wir zeigen Ihnen, wie es gelingt, die Leistungsbereitschaft Ihrer Mitarbeiter auf ihren Job zu richten. Dabei beschäftigen wir uns mit der Frage, was ein bestimmtes Handeln auslöst und welche Möglichkeiten Sie haben, entsprechende Anreize zu setzen.
Anschließend nähern wir uns dem Phänomen der Demotivation. Welche Faktoren tragen dazu bei, dass Mitarbeiter nur noch Dienst nach Vorschrift leisten und der Krankenstand rasant wächst? Die gute Nachricht lautet: Es ist möglich, Mitarbeiter auch wieder zu remotivieren. Wir zeigen Ihnen, welche Aufgaben Sie als Führungskraft im Motivationsprozess haben.

4. Kapitel: Setzen Sie auf Teamarbeit

In vielen Unternehmen werden Teams gebildet, um bestimmte Aufgaben und Projekte zu bewältigen. Doch anders als oft angenommen, sind solche Teams keine Selbstläufer. In ihnen finden bestimmte Prozesse zur Gruppen- und Meinungsbildung statt, die durchaus in eine unerwünschte Richtung führen können. Wie sonst ist es zu erklären, dass gemeinschaftlich gefällte Entscheidungen direkt nach der Sitzung schon wieder infrage gestellt werden? Wie wird aus einer Ansammlung von Menschen überhaupt eine Gruppe? Lesen Sie, welche natürlichen Gruppenprozesse mit welchen Ausprägungen ablaufen und wie Sie aktiv in das Teambuilding eingreifen können, um es zu beschleunigen oder Fehlentwicklungen zu korrigieren.
Außerdem erläutern wir Ihnen in diesem Kapitel die Anforderungen und Aufgaben, denen sich ein Teamleiter zu stellen hat, und wie Teamarbeit in der Praxis aussieht.

5. Kapitel: Wie Sie Konflikte geschickt managen

Nahezu alle Vorgesetzten geraten einmal in die Situation, dass sie einen Konflikt schlichten müssen – und viele von ihnen fürchten diese Situation. Denn in den meisten Auseinandersetzungen spielen Emotionen eine große Rolle und nicht selten ist die Führungskraft auch selbst persönlich involviert.
Dabei ist der professionelle Umgang mit Konflikten gar nicht so schwer, wenn man sich die psychologischen Mechanismen dahinter erst einmal verdeutlicht hat. Welche Ursachen hat ein Streit und warum ist es wichtig zu wissen, um welche Art Auseinandersetzung es sich handelt? Warum geraten Menschen überhaupt persönlich aneinander – oft genug bei lächerlichen Anlässen? Und was läuft genau in den Köpfen der Beteiligten ab, wenn ganze Abteilungen plötzlich nicht mehr miteinander reden und so die Arbeit blockieren? Lernen Sie die Mechanismen, die hinter solch irrationalen Reaktionen stehen, kennen und lösen Sie künftig Auseinandersetzungen sicher und professionell.
Mehr noch: Wir zeigen Ihnen, warum Sie eine Auseinandersetzung als Chance für Innovation und Entwicklung verstehen – und nutzen – sollten.

Wichtige Kompetenzen einer Führungskraft

Auf die moderne Führungskraft kommt eine Vielzahl an Herausforderungen zu, die z. T. sehr unterschiedliche Fähigkeiten erfordern. Die Kernaufgaben einer Führungskraft – Motivation, Delegation, Steuerung und Entwicklung – sind nur zu bewältigen, wenn die betreffende Person Handlungskompetenz auf ganz unterschiedlichen Themenfeldern mitbringt. Es ist jedoch typisch, dass Menschen nicht alle Facetten des Führungshandelns gleich gut beherrschen: Wer seinen Mitarbeitern eine hohe Motivation ermöglichen kann, muss nicht unbedingt auch stringent sein, wenn es um die Zielerreichung geht. Ein anderer ist in der Lage, sehr strategisch vorzugehen, weist aber dafür eventuell Defizite im zwischenmenschlichen Bereich auf. So hat jede Führungskraft letztlich Stärken und Schwächen, die im Rahmen von Management-Audits oder Assessment-Center herausgearbeitet werden. Die Basis für die Beurteilung von Stärken und Schwächen einer Führungskraft in einem Unternehmen ist in aller Regel ein Kompetenzmodell. Es bildet diejenigen Fähigkeiten oder Eigenschaften ab, deren Ausprägung für das Führungshandeln als wichtig erachtet wird.

Kienbaum Expertentipp: Kompetenzmodelle

Ein Kompetenzmodell darf nicht mit einfachen Typologisierungen verwechselt werden, die durch immer populärer werdende Instrumente zur Einschätzung der Persönlichkeit Verbreitung finden, etwa durch MBTI, DISG u. a. In Trainings und Coachings kommen solche Instrumente berechtigterweise zum Einsatz, hier geht es um Selbstreflexion und darum, Verhaltensvarianzen dadurch zu erwerben, dass andere Charaktere besser verstanden werden.

Allerdings sind solche Typologien unserer Meinung nach grundsätzlich ungeeignet, um eine umfassende Beschreibung des Führungshandelns zu liefern. Im Rahmen von Arbeitsplatzbeschreibungen und diagnostischer Prozesse erscheint ihr Einsatz daher als verfehlt.

Kompetenzen überschneiden sich teilweise

Das vorliegende Buch beschreibt grundlegende, auf den Führungskontext bezogene, psychologische Mechanismen. Aus diesem Grund wollen wir auf den folgenden Seiten zunächst ganz generell Beschreibungen von Führungskompetenzen liefern, also ein allgemeines „Rahmenmodell". Im Gegensatz zu einem ausgearbeiteten Kompetenzmodell ist es verkürzt und weniger spezifisch. Es beschreibt die grundlegenden Faktoren, die im Zusammenhang der Themenfelder, die im Folgenden diskutiert werden, besonders wichtig sind. Die Kompetenzen überschneiden sich teilweise. Es handelt sich nicht um methodisch saubere, psychologische „Konstrukte", sondern letztlich um Begriffe, die das erfolgreiche Handeln von Führungskräften pragmatisch be- und umschreiben.

1. Analysevermögen

Der Begriff „Analysevermögen" umfasst im Führungskontext die Fähigkeit, Problemstellungen zu analysieren, Details ebenso wie Zusammenhänge zu verstehen und vor allem die Fakten lösungsorientiert zu interpretieren. Diese Fähigkeit ist nicht zu verwechseln mit der sog. allgemeinen Intelligenz. Workshops im Hochschulkontext mit Menschen, denen man getrost eine hohe allgemeine Intelligenz bescheinigen darf, haben gezeigt, dass die unternehmerische Analysefähigkeit im obigen Sinne und die allgemeine Intelligenz nicht korrespondieren müssen.
Führungskräfte müssen über eine hohe Analysefähigkeit verfügen, da sie die Grundlage für Entscheidungen und für das Verständnis von Zusammenhängen im Businesskontext bildet.

Kennzeichen analytisch denkender Menschen

Was analytisch denkende Menschen im Führungskontext auszeichnet

- Sie setzen sich fundiert mit Problemstellungen auseinander, gehen in die Tiefe.
- Sie erkennen neben Detailinformationen auch übergeordnete Problemfelder und Zusammenhänge.
- Sie sind in der Lage, die Informationsvielfalt zu gewichten, sich auf wichtige Dinge zu fokussieren und Irrelevantes auszublenden.

- Sie verfügen über eine schnelle Auffassung von auch komplexen Problemstellungen.
- Sie leiten mögliche Handlungen und Lösungen ab.

2. Handlungs- und Resultatsorientierung

Handlungs- und Resultatsorientierung meint ein aktives, entscheidungsfreudiges und zupackendes Auftreten im Führungskontext. Menschen mit diesen Fähigkeiten packen Entscheidungen, Projekte – allgemein Aufgaben an, verschieben und zerreden sie nicht. In Sitzungen reiten sie nicht auf den Problemen herum, sondern suchen nach Lösungen. Der Antityp zum handlungs- und resultatsorientierten Menschen ist der zögerliche, zaudernde, alles zerredende und permanent abwägende Typus.

Führungskräfte sollten über diese Kompetenz verfügen, da sie – im Gegensatz zu Mitarbeiterinnen und Mitarbeitern – auch für andere Personen Verantwortung übernehmen müssen.

Führungskräfte müssen Verantwortung übernehmen

So zeigt sich Handlungs- und Resultatsorientierung im Führungskontext

- Handlungs- und resultatsorientierte Menschen setzen als richtig erkannte Beschlüsse um, die Entscheidungen werden nicht aufgeschoben.
- Sie wälzen Entscheidungen nicht auf andere ab, sondern nehmen notwendige Delegationen vor.
- Sie treffen auch risikobehaftete Entscheidungen, wenn dies notwendig ist.
- Bei der Entscheidungsfindung setzen sie sinnvolle Prioritäten.
- Diese Menschen verstricken sich bei der Entscheidungsfindung nicht in Komplexität.
- Lösungen stehen bei ihnen im Vordergrund, nicht das Diskutieren von Problemen.

3. Motivationsfähigkeit

Motivierungsfähigkeit ist eine Schlüsselkompetenz im Führungsalltag

Führungskräfte, denen es nicht gelingt, Mitarbeiterinnen und Mitarbeitern Spaß und Freude an der Aufgabe zu vermitteln und sie an das Unternehmen zu binden, werden in modernen Führungsstrukturen letztlich scheitern. Die Fähigkeit, andere zu motivieren, ist damit eine Schlüsselkompetenz im Führungsalltag (s. Seite 116 ff.).

Worin besteht Motivierungsfähigkeit?

- Menschen mit einer hohen Motivierungsfähigkeit pflegen eine offene und transparente, d. h. schnelle und vollständige Informationspolitik.
- Sie fördern und entwickeln die eigenen Mitarbeiter im Rahmen ihrer Möglichkeiten.
- Wenn sie Aufgaben delegieren, lassen sie den Mitarbeitern einen angemessenen Spielraum zur Bearbeitung.
- Sie vermitteln im Führungsalltag Wertschätzung durch Lob – und auch durch angemessene Kritik.
- Diese Vorgesetzten vermitteln den Mitarbeitern das Gefühl, wichtige Mitglieder des Unternehmens zu sein.
- Sie fördern Teamaspekte und das Wir-Gefühl in den Gruppen.
- Sie übernehmen Verantwortung für die Leistung des Teams.

4. Zielorientierung

Eine zielorientierte Führungskraft ist konsequent, verbindlich und offensichtlich daran interessiert, selbst gesteckte Ziele oder Gesamtziele des Unternehmens anzustreben. In der direkten Interaktion mit Mitarbeitern und Mitarbeiterinnen erteilt sie präzise Anweisungen und kontrolliert die Zielerreichung.

Organisationen werden meist über Ziele gesteuert

Zielorientierung ist eine wichtige Fähigkeit, weil eine auf wirtschaftlichen Erfolg ausgerichtete Organisation in aller Regel über Ziele gesteuert wird. Wie eng Ziele und deren Kontrolle gefasst werden, ist natürlich abhängig von den Aufgaben und vom jeweiligen Mitarbeiter bzw. der Mitarbeiterin. Die Rahmenbedingungen, d. h. die Organisation, der Qualifizierungsgrad der Mitarbeiterinnen und Mitarbeiter etc., bestimmen also, wie die Zielorientierung in der Praxis konkret aussieht. So ist eine beispielsweise wöchentliche Kontrolle der Zielerreichungsgrade nicht in allen Organisationsformen möglich und notwendig.

Kennzeichen von zielorientierten Menschen im Führungskontext

- Zielorientierte Führungskräfte formulieren realistische und erreichbare Ziele.
- Sie stellen notwendige Ressourcen, also Personen, Informationen, Budget etc., zur Zielerreichung sicher.
- Sie hinterlegen die Ziele mit realistischen und überprüfbaren Maßnahmenplänen.
- Sie vereinbaren klare Messkriterien.
- Solche Vorgesetzte ziehen bei bedeutsamen Zieldiskrepanzen klare Konsequenzen.
- Sie überprüfen den Zielerreichungsgrad regelmäßig.
- Kommt es zu Abweichungen vom Zielkorridor, greifen sie durch Feedback aktiv ein.
- Sie geben den eigenen Mitarbeitern kontinuierlich positives wie negatives Feedback.

5. Durchsetzungs- und Konfliktfähigkeit

Konflikten nicht aus dem Weg gehen

Personen, die nicht durchsetzungs- und konfliktfähig sind, weichen typischerweise Konflikten aus oder sie verfallen in das andere Extrem und agieren zu offensiv und aggressiv.

Konflikte treten im Führungsalltag häufig auf, gleich ob mit Mitarbeitern, zwischen Teammitgliedern, Kollegen oder auch mit den eigenen Vorgesetzten. Dann gilt es, die Konflikte nicht totzuschweigen, sondern sie zu benennen und einer konstruktiven Lösung zuzuführen. Ziel ist, die eigene Position auch gegen Widerstände durchzusetzen.

Im Führungsalltag ist ein Mittelmaß an Konfliktfähigkeit wünschenswert. Das lässt sich aber nur realisieren, wenn der Vorgesetzte weder übertrieben emotional handelt noch zu sachorientiert an Auseinandersetzungen herangeht.

Merkmale einer durchsetzungsorientierten und konfliktfähigen Person

- Durchsetzungs- und konfliktfähige Menschen weichen Konflikten nicht aus.
- Sie erkennen, dass sie ihre eigene „Auffassung“ nicht mit der „Wahrheit“ verwechseln dürfen.
- Für sie ist es wichtiger, den Konflikt zu lösen und zu vermitteln, als die Auseinandersetzung zu analysieren und Schuldzuweisungen auszusprechen.
- Solche Führungskräfte verfügen über Techniken, um Konflikte zielorientiert anzusprechen.
- Sie gehen Konflikte sachlich und ruhig an – auch in der Diskussion.
- Sie stellen ihre Positionen sicher und umfassend dar und begründen ihren Konfliktstandpunkt stichhaltig.
- Negative Punkte werden von ihnen offen angesprochen, d. h., sie können ihre Auffassungen klar und deutlich, auch gegen konkurrierende Meinungen vertreten.
- Diese Menschen wirken nicht rechthaberisch, aggressiv oder schwer einschätzbar.
- Sie gehen im Konflikt grundsätzlich ziel- und lösungsorientiert vor.
- Sie lassen sich von Auseinandersetzungen – auch von sehr persönlichen – nicht aus dem Gleichgewicht bringen.
- Sie sind kritikfähig, d. h., sie ziehen auch die Möglichkeit der eigenen Fehlbarkeit in Betracht.

6. Einfühlungsvermögen und soziale Flexibilität

Einfühlungsvermögen ist die Fähigkeit einer Person, das Denken, Fühlen und Wollen anderer Menschen nachvollziehen zu können. Jemand, der als „einfühlend“ beschrieben wird, zeigt häufig nicht nur die Fähigkeit, sondern auch den Willen, sich in andere einzufühlen. Diese Fähigkeit ist eine wichtige Voraussetzung für eine erfolgreiche Kommunikation mit Mitarbeitern, Kollegen, Vorgesetzten und Kunden und damit in der heutigen Berufswelt unverzichtbar. Je eher es einer Person gelingt, die Beweggründe und Sichtweisen ihres Gegenübers zu verstehen, desto einfacher wird es für sie, die richtigen Argumente in einem Gespräch zu finden, um den anderen zu überzeugen. Seine Motivatoren werden schneller erkannt und können zielgerichtet eingesetzt werden. Einfühlsamen Führungskräften gelingt es daher eher, das Engagement ihrer Mitarbeiter zu entfachen.

Einfühlsame Führungskräfte gewinnen eher das Engagement ihrer Mitarbeiter

Kennzeichen von einfühlenden Menschen

- Einfühlende Personen hören in Gesprächen genau zu, beobachten ihren Gesprächspartner und versuchen, Schlüsse zu ziehen.
- Sie können sich in ihrer Art zu sprechen, im Vokabular und ganz allgemein im Verhalten auf ihr Gegenüber einstellen.
- Sie sind in der Lage, im Gespräch die Sichtweise anderer einzunehmen.
- Solche Menschen haken bei möglichen, unausgesprochenen Konfliktquellen und Differenzen nach.
- Auch schwache Signale anderer Menschen nehmen sie gut wahr.
- Sie sind sich der Wirkung ihrer eigenen expliziten und nonverbalen Signale bewusst.
- Sie interessieren sich generell für andere Menschen, deren Sichtweisen und Formen der Argumentation.

7. Kommunikations- und Überzeugungskraft

Zwei Seiten der Kommunikations- und Überzeugungskraft

Die Kommunikations- und Überzeugungskraft ist die Fähigkeit, sich zum einen gut auszudrücken und zum anderen, andere durch die Argumentation und das Auftreten zu überzeugen und letztlich mitzureißen. Das umfasst viele einzelne Facetten – eine lebendige Gestik gehört z. B. ebenso dazu wie die stichhaltige Argumentation, Selbstbewusstsein und Hartnäckigkeit.
Für Führungskräfte ist diese Kompetenz eine Schlüsselkompetenz, denn ihr wichtigstes Handwerkzeug im Umgang mit den Mitarbeitern ist die Kommunikation.

Wie sich Kommunikations- und Überzeugungskraft zeigen

- Menschen, die über eine hohe Kommunikations- und Überzeugungskraft verfügen, artikulieren sich deutlich und verständlich, verwenden nachvollziehbare Formulierungen und unterstreichen das Gesagte durch lebendige Mimik und Gestik.
- Sie bleiben im Verlauf eines Gesprächs beim Thema und schweifen nicht ab.
- Sie gehen aktiv auf andere zu und gestalten Gesprächssituation mit.
- Fragetechniken werden von ihnen beherrscht, Fragen gezielt zur Steuerung des Gesprächs eingesetzt.
- Diese Menschen geben ihren Gesprächspartnern ausreichend Raum für Ausführungen.
- Sie lassen sich durch unkonkrete Gesprächspartner nicht von ihrem Gesprächsziel und Gesprächsthema abbringen.
- Sie verstehen es, ihre Gesprächspartner durch ihre Ideen mitzureißen.
- Sie strahlen Zuversicht und Tatkraft aus.
- Sie wirken authentisch.
- Ihre Argumentation ist inhaltlich stichhaltig und einleuchtend, sie verfügen über ein breites Spektrum von Argumenten und Ideen, um Einwänden zu begegnen.
- Sie wecken mit ihrem Gesprächsstil eine positive Stimmung und Bereitschaft beim Gegenüber.
- Sie bringen plastische Beispiele.
- Sie setzen die Überzeugungsziele nicht schnell herab.

8. Unternehmerisches und strategisches Denken

Unternehmerisches und strategisches Denken sind zwei Aspekte, die häufig mit „Managementkompetenz“ überschrieben werden. Unternehmerisch denkende Personen begreifen ihren Verantwortungsbereich nicht als statisch, sondern als flexibel, erweiterbar, optimierbar. Sie streben danach, etwas zu verändern, zu optimieren und mit ihrem Verantwortungsbereich zu wachsen. Gleichzeitig stehen für diese Menschen Effizienz- und Kostengesichtspunkte im Vordergrund. Wer unternehmerisch denkt, übernimmt Verantwortung. Strategisches Denken bezeichnet in diesem Zusammenhang die Vorausschau, den Blick über das „operative" Tagesgeschäft hinaus.

Effizienz- und Kostengesichtspunkte stehen im Vordergrund

Merkmale des unternehmerischen und strategischen Denkens

- Personen, die unternehmerisch und strategisch denken, optimieren kostenrelevante Prozesse und Strukturen im eigenen Verantwortungsbereich.
- Sie behalten mögliche Verbesserungen im eigenen Einflussbereich, z. B. bei den Abläufen und Strukturen, im Blick.
- Ihr Handeln und ihre Entscheidungen sind an den Kosten-Nutzen-Relationen, also der Effizienz, ausgerichtet.
- Wenn es möglich ist, orientieren sie sich an übergeordneten Zielen.
- Sie beziehen bei Entscheidungen auch langfristige Effekte, sofern diese absehbar sind, in ihre Überlegungen ein.
- Sie verfügen über eine gute „Vogelperspektive" beim Blick auf das eigene Unternehmen und den eigenen Bereich.

9. Selbstreflexion und Veränderungsbereitschaft

Lernen hängt von der Veränderungsbereitschaft ab

Selbstreflexion und Veränderungsbereitschaft spielen eine sehr bedeutende Rolle bei der Beurteilung von Führungskräften. Wenn eine Führungskraft nicht veränderungsbereit oder nicht selbstreflektiert erscheint, hat das teilweise bedeutende Konsequenzen für die zukünftige Prognose bzw. die Potenzialbeurteilung. Denn wer sich nicht selbst in Zweifel ziehen kann, lernt nicht und entwickelt sich nicht weiter. Im heutigen Berufskontext sind aber Lernen und persönliche Weiterentwicklung Grundvoraussetzungen, um den jetzigen und künftigen Herausforderungen gewachsen zu sein.

Facetten der Selbstreflexion und Veränderungsbereitschaft

- Ein selbstreflektierter und veränderungsbereiter Mensch verfügt über realistische Einschätzungen der eigenen Person, der eigenen Stärken sowie Schwächen und setzt sich konstruktiv mit ihnen auseinander.
- Er zeigt Interesse am Feedback zur eigenen Person.
- Er analysiert eigene Erfolge und Misserfolge auf Hinweise für eigene Verbesserungsmöglichkeiten.
- Er ist offen für Kritik und Handlungsempfehlungen.
- Er investiert regelmäßig Zeit für die Erweiterung des eigenen Wissens, der eigenen Kenntnisse und Fähigkeiten.
- Er verfügt über eine realistische Einschätzung der eigenen Entwicklungsbedarfe und besitzt eine klare Zielsetzung und Strategie für deren Umsetzung.

1 Psychologische Grundbausteine für Führungskräfte

Die Einzigartigkeit von Menschen ist eine der Grundtatsachen des Lebens. Keiner ist dem anderen in Aussehen, Gestik, Mimik, im allgemeinen Auftreten, in seinen Denkweisen, Meinungen und Einstellungen, in der Sprache und im Verhalten gleich. Jeder reagiert in seiner ganz eigenen Weise auf seine Umwelt und die Mitmenschen. Bereits unmittelbar nach der Geburt sind individuelle Besonderheiten offenkundig, die sich mit zunehmendem Lebensalter weiter verstärken. Die Summe der Faktoren des Temperaments, der menschlichen Werte und Einstellungen, des emotionalen und sozialen Verhaltens machen das Wesen der Persönlichkeit aus. Der Versuch, diese schillernde Vielfalt zu klassifizieren und in einem Raster greifbar zu machen, hat die Menschheit schon immer fasziniert – auch wenn die Ergebnisse schematisch bleiben und ein Individuum selbst nie vollständig erfassen können.

Jeder Mensch ist einzigartig

Wie alle Menschen befinden sich Führungskräfte in ständiger Interaktion mit ihrer Umwelt, mit Kollegen, Vorgesetzten, Mitarbeitern, Kunden etc. Sie müssen sich in die verschiedenen Partner einfühlen und deren Signale frühzeitig erkennen, um auf jede Situation adäquat reagieren zu können. Wollen sie ihren täglichen Anforderungen und Aufgaben gerecht werden, müssen sie die Ressource Mensch kennen und verstehen.

Führungskräfte müssen Menschen verstehen

Das Wissen um die psychologischen Grundlagen kann ihnen dazu verhelfen, sich selbst und andere besser zu verstehen und kennenzulernen. Die Theorien, die im Folgenden vorgestellt werden, zeichnen sich dadurch aus, dass sie nicht unnötig komplex sind und gleichzeitig ein praxisrelevantes Informationsspektrum abdecken.

1.1 Das Vier-Typen-Modell – praxisnahe Theorie für jeden Tag

Es gibt unzählige Persönlichkeitstheorien, die den Anspruch haben, Menschen zu charakterisieren, sie einzuordnen, um in der Folge ihr Verhalten im Alltag berechenbarer zu machen. Für den Erfolg einer Führungskraft ist es entscheidend, das Wesen der Persönlichkeit mit den individuellen Einstellungen und Werten, den emotionalen und sozialen Verhaltensweisen zu verstehen. Dabei geht es einerseits darum, die eigenen Verhaltens- und Wirkungsweisen in der speziellen Führungssituation zu reflektieren, andererseits um die Fähigkeit, sich in die verschiedenen Mitarbeitertypologien einzufühlen und sensibel auf Signale zu reagieren.

Einblicke in die Persönlichkeitsstruktur Ihrer Mitarbeiter

Sich selbst und andere besser verstehen

Das Vier-Typen-Modell ist geeignet, um Personen nach einem sehr pragmatischen Grundschema zu klassifizieren, Verhaltenstendenzen einzuordnen und so zwischenmenschliche Interaktionen zielfördernd zu gestalten. Die Arbeit mit diesem Modell ermöglicht es:

- sich selbst und andere besser zu verstehen,
- grundsätzliche Verhaltenstendenzen einzuordnen,
- individuelle Stärken und Schwächen zu erkennen und
- persönliche Entwicklungsmaßnahmen zielgerichtet abzuleiten.

Vorteile des Vier-Typen-Modells

Das Vier-Typen-Modell ist nur einer von vielen möglichen Klassifizierungsansätzen. Es wird an dieser Stelle berücksichtigt, weil es Verhaltensdimensionen, die in der Praxis beobachtet wurden, sowie Persönlichkeitsmerkmale, die in theoretischen Hypothesen postuliert werden, zusammenfasst. Anders als andere, komplexere Theorien lässt sich dieses Modell leicht in den Führungsalltag transferieren und kann praktisch angewandt werden. Wir möchten an dieser Stelle allerdings bemerken, dass das Vier-Typen-Modell zwar im Rahmen von Trainings oder beim besseren Verständnis des Führungshandelns praktikabel erscheint. Wichtig ist es aber zu betonen, dass Kienbaum dieses Modell niemals in der Personaldiagnostik einsetzt. Hier kommen fundierte Verfahren zum Einsatz.

Grundzüge des Modells

Unterscheidung von vier grundlegenden Verhaltensmustern

Das Modell unterscheidet vier grundlegende Verhaltensmuster, die sich in jedem Menschen wiederfinden – allerdings in unterschiedlichem Ausmaß.

extravertiert ⟵ versus ⟶ introvertiert

sachlich ⟵ versus ⟶ emotional

Überträgt man diese Verhaltensmuster in ein Koordinatensystem, ergibt sich ein Vier-Typen-Modell, das in den einzelnen Quadranten folgende vier Persönlichkeitstypologien, nämlich den Treiber, den Analytiker, den Ausdrucksvollen und den Zuverlässigen beschreibt.

	extravertiert	introvertiert
sachlich	**Antreiber** • dominierend • selbstbewusst • energisch • willensstark • direkt • zielorientiert • anspruchsvoll • entscheidungsfreudig	**Analytiker** • gründlich • ordnungsliebend • analytisch • diplomatisch • fleißig • detailorientiert • diszipliniert • reserviert
emotional	**Ausdrucksvoller** • begeisterungsfähig • gesprächig • kontaktfreudig • risikofreudig • energisch • mitreißend • spontan • kreativ	**Zuverlässiger** • ruhig • kooperativ • hilfsbereit • unterstützend • loyal • geduldig • zuverlässig • bescheiden

Das Vier-Typen-Modell

Was die vier Typen auszeichnet

Die folgenden Beschreibungen der vier Typen erfolgen bewusst sehr pointiert, um die Unterschiede deutlich hervorzuheben. Allerdings gibt es in der Praxis keine Reinformen. Generell zeigt jeder Mensch Verhaltensweisen aus jedem der Quadranten. Je nach Situation und Rolle im beruflichen oder privaten Umfeld tritt jedoch einer dieser Stile öfter zutage.

Wie Sie den Treiber erkennen

Treiber zeigt sachliches und extravertiertes Verhalten

Treiber zeigen ein sachliches und extravertiertes Verhalten. Sie orientieren sich an Zielen und Resultaten; ihre Konzentration im Handeln liegt auf dem „Was".

- In der Beziehung zu anderen Menschen erscheinen Treiber ergebnisorientiert, entschlossen und manchmal aggressiv.
- Sie lieben Herausforderungen und abwechslungsreiche Tätigkeiten, reagieren rasch auf Veränderungen.
- Sie zögern nicht, die Äußerungen und Handlungsweisen anderer zu korrigieren, zu verbessern, zu modifizieren oder ihnen zu widersprechen.
- Ihr Auftreten ist selbstsicher und unabhängig.
- Sie werden als geradlinig angesehen, handeln rasch, sind voller Energie und weisen opportunistische Züge auf.

Treiber erreichen ihre Ziele am besten, wenn sie Verantwortung tragen und die Dinge steuern können. Besonders gern entwerfen sie Pläne, die dann andere Personen ausführen. Wenn sie ihre Ideen realisieren, nehmen sie jedes Risiko in Kauf.

Merkmale eines Analytikers

Analytiker sind sachlich und introvertiert

Analytiker sind sachlich und introvertiert. Sie orientieren sich an Analysen und Qualität; ihre Konzentration im Tun liegt auf dem „Warum".

- Analytiker gelten als überlegt, zurückhaltend und logisch.
- Sie lieben festgelegte Vorgehensweisen.
- Sie wägen alle Alternativen sorgfältig und lange ab und bleiben ihren Zielsetzungen verhaftet.

- Analytiker sind disziplinierte Menschen, die anderen gern die Initiative überlassen und unabhängig bleiben wollen.
- Ihre Haltung ist eher verschlossen und ernsthaft.
- Angesicht ihres perfektionistischen Anspruchs werden sie in Diskussionen oft als dickköpfig und überkritisch erlebt.

Analytiker kommen am besten ans Ziel, wenn sie Risiken von Anfang an ausschalten können und für einen reibungslosen Ablauf ihrer Projekte genügend Daten zur Verfügung haben. Sie streben eher nach Vollständigkeit als nach schnellen Ergebnissen.

Verhaltensweisen von Ausdrucksvollen

Ausdrucksvolle kennzeichnet emotionales und extravertiertes Verhalten

Ausdrucksvolle zeigen ein emotionales und extravertiertes Verhalten. Diese Menschen orientieren sich an Personen und dem Arbeitsumfeld, ihre Konzentration liegt auf dem „Wer".

- Ausdrucksvolle gelten als initiativ, emotional und mitreißend.
- Sie sind freundlich und fühlen sich äußerst wohl in Interaktionen mit anderen bzw. vor Publikum.
- Sie brauchen Applaus, Aufmerksamkeit und Anerkennung als wichtige Belohnung für ihre Leistungen.
- Entscheidungen treffen sie aus dem Bauch heraus und stützen sich dabei auf ihre Gefühle.
- Ihre grundlegende Haltung ist offen und optimistisch.
- Für Neues und Unbekanntes können sie sich selbst sehr schnell begeistern, aber auch andere motivieren.

Ausdruckvolle lassen sich am meisten motivieren, wenn sie sich für die Aufgabe begeistern können und sie viel Gestaltungsraum und Möglichkeit zur Kreativität erhalten. Zugleich müssen aber zwischendurch klare Kontrollen stattfinden, da sich dieser Typ schnell verzettelt und in seiner Herangehensweise eher unorganisiert ist.

Kennzeichen des Typus Zuverlässiger

Der Zuverlässige ist emotional und introvertiert

Der Zuverlässige zeigt ein emotionales und introvertiertes Wesen. Für ihn zählen Kooperation und Stabilität, er konzentriert sich in seinem Handeln auf das „Wie".

- Zuverlässige gelten als ruhig, bescheiden und hilfsbereit.
- Sie sind warmherzige und freundliche Zuhörer, mit denen man leicht auskommt.

- Persönlichen Kontakt und geteilte Verantwortung lieben sie.
- Dabei legen sie sehr viel Wert auf eine harmonische Arbeitsatmosphäre und tendieren dazu, möglichen Konflikten und Problemen aus dem Weg zu gehen.
- Fehlende Strukturen, schnelle Veränderungen oder unvorhersehbare Situationen lösen Unsicherheit aus.
- Sie gelten als äußerst kooperative Arbeitskollegen oder Verhandlungspartner.

Ihre Ziele erreichen Zuverlässige am besten, wenn sie zunächst tragfähige, vertrauensvolle persönliche Beziehungen aufbauen konnten. Risiken oder schnelle Entscheidungen vermeiden sie, es sei denn, sie haben präzise Daten oder tatkräftige Helfer im Hintergrund.

Kienbaum Kompetenztest: Typen in der Entwicklung fördern

Jeder der beschriebenen vier Typen besitzt nicht nur Stärken, sondern auch bestimmte Entwicklungsbereiche. Überlegen Sie auf Basis der bisherigen Beschreibungen für jeden Typen drei konkrete Entwicklungstipps. Was sollten diese Persönlichkeitstypologien noch lernen?

Der Treiber (z. B. Geduld aufbringen und zuhören lernen)

____

Der Analytiker (z. B. mehr Toleranz zeigen in Konfliktsituation bzw. im Umgang mit Fehlern)

____

Der Ausdrucksvolle (z. B. Kontrolle bzw. bewusste Steuerung eigener Emotionen)

____

Der Zuverlässige (z. B. Konflikte ansprechen und austragen)

____

Wie Sie Persönlichkeitseigenschaften erkennen

Das Verhalten einer Person ist ein zentraler Indikator für Persönlichkeitseigenschaften. Wenn eine Führungskraft das Verhalten ihrer Mitarbeiter beobachtet, kann sie eine grobe Einschätzung nach dem Vier-Typen-Modell vornehmen. Die konkreten Verhaltensweisen geben Hinweise darauf, welche Tendenzen bei einer Person vorherrschen und welches Vorgehen für sie charakteristisch ist.

Beispiel: Erste Einschätzung

Holger Bertram hat die Stelle gewechselt und leitet nun als Führungskraft ein neues Team. In der ersten gemeinsamen Sitzung verhält sich Herr Volkmann, ein wichtiger Mitarbeiter, sehr dominant. Er zieht immer das Wort an sich und möchte seine Lösungen und Argumente durchsetzen. Dieses Verhalten beobachtet Herr Bertram in den nächsten Wochen nicht nur in dieser spezifischen Situation, sondern auch in anderen Konstellationen. Aus seiner Beobachtung schließt er auf eine gewisse Stabilität des dominanten Verhaltens bei Herrn Volkmann.

Welche Anhaltspunkte gibt es?

Für die verschiedenen Verhaltenstendenzen gibt es jeweils Hinweise, die eine Einschätzung erleichtern können.

Hinweise auf Verhaltenstendenzen

Anhaltspunkte für Verhaltenstendenzen

Extravertiert	Introvertiert	Sachlich	Emotional
• gesprächig und redegewandt • offen für Neues • laut	• zurückhaltend und abwartend • reserviert • leise	• aufgabenorientiert • kaum Ausdruck von Gefühlen • Haltung: verschlossen • formal	• menschenorientiert • Ausdruck von Gefühlen • Haltung: warm • entspannt

Achten Sie auf versteckte Zeichen

Wichtige Hinweise darauf, welcher Typ gerade vor einem steht, gibt die Körpersprache, also Gestik, Mimik und Körperhaltung. Eine Führungskraft sollte auch auf Stimme und Tonfall, auf die Lautstärke, das Sprechtempo, die Modulation etc. achten. Zudem vermitteln auch die Wortwahl, die Inhalte und bestimmte Formulierungen Botschaften.

Körpersprache und Mimik bieten Anhaltspunkte

1.2 Das Selbstwertgefühl des Menschen

Das Ich ist die zentrale Instanz des Seelenlebens, mit der alles verbunden ist, was Menschen tun oder lassen. Das Verständnis dafür ist für die Erklärung des menschlichen Verhaltens unabdingliche Voraussetzung. Das Selbstwertgefühl bildet sich im Laufe des Reifeprozesses und ist das wichtigste Verhaltensregulativ beim Menschen.

Fünf Prämissen für ein gesundes Selbstwertgefühl

Ich-schwache Menschen fühlen sich minderwertig

Wer vergleichsweise Ich-schwach ist, fühlt sich minderwertig. Ein gesundes Ich zeigt sich dagegen in einem ausgeprägten Selbstwertgefühl. Um dies ausbilden zu können, müssen im Laufe der Entwicklung eines Menschen mindestens fünf Prämissen erfüllt werden:

Prämissen des Selbstwertgefühls

Menschen bewerten ihre eigene Person und bilden damit ihr Selbstwertgefühl. Was immer sie tun oder unterlassen, geschieht – unbewusst – in der einzigen Absicht, ihr Selbstwertgefühl zu stärken bzw. Angriffe auf das Selbstwertgefühl abzuwehren.

Ein optimales Verhältnis zwischen Ich und Ideal-Ich

Eltern vermitteln das Ideal-Ich

Das Ideal-Ich wird primär von den Eltern vermittelt. In jeder intakten Familie gibt es Personen, die idealisiert werden. Dies können Menschen aus dem direkten Umfeld sein oder Figuren und Persönlichkeiten aus Filmen, Büchern, der Politik oder der Wissenschaft. Aus den Eigenschaften dieser Idole formt sich der Mensch sein Ideal-Ich.

Ist dieses Wunschbild der Persönlichkeit von dem Bild des realen Ichs zu weit entfernt, geraten Menschen in eine Krise. Dies ist stets in der Pubertät der Fall, wenn sich die Person von alten Idolen, z. B. einem idealisierten Vater, ablöst. Gelingt es nicht, sich neuen Idolen zuzuwenden und gleichzeitig das Ideal-Ich auf ein vernünftiges Maß zu reduzieren, ist das Selbstwertgefühl bedroht.

Die angepasste Aggressivität

Der Mensch ist ein lebendes Energiepotenzial – von dem er in der Regel aber nur zu einem verschwindend geringen Teil Gebrauch macht. Dadurch besteht ein Triebüberschuss, der allein durch sein Vorhandensein stets die Gefahr in sich trägt, in Aggressivität umzuschlagen. Das zeigt sich immer wieder bei Demonstrationen oder in Paniksituationen.

Menschen lernen, mit ihrer Aggressivität umzugehen

Durch Einsicht in die Gefährlichkeit seiner latenten Aggressionsbereitschaft, eine klare Zielsetzung und Selbstdisziplin lernt der Mensch, mit seiner Aggressivität umzugehen. Nur wem es gelingt, seine seelischen Energien im Zaum zu halten oder sie in von der Gesellschaft tolerierte Kanäle zu lenken, entwickelt sich zu einer ausgeglichenen Persönlichkeit.

Übereinstimmung mit dem Gewissen

Das Gewissen ist der innere Spiegel der gesellschaftlichen Moral. Auch die Moral wird von den Eltern übermittelt. Doch irgendwann beginnt der denkende Mensch, die übernommenen Vorstellungen

infrage zu stellen. Er entwickelt seine eigene Moral, passt sie an seine Persönlichkeit an. Der Mensch definiert, was sein Gewissen ausmacht.
Handlungen, die mit diesem Gewissen übereinstimmen, machen einen Menschen weitgehend unempfindlich gegenüber Reaktionen seiner Umwelt. Es ist ihm gleichgültig, was andere über ihn denken. Solange er sich an diese freiwilligen Normierungen seiner Verhaltensweisen hält, kann er ruhig schlafen.

Erfolg aus der Arbeit

Leistung ohne Anerkennung ist wertlos

Einem Menschen genügt es nicht, nur zu arbeiten und gute oder überdurchschnittliche Leistungen zu erbringen. Er will für diese Leistungen auch gelobt werden. Eine gute berufliche Leistung ist ohne Anerkennung durch die Umwelt wertlos. Deshalb steigert Lob in hohem Maß den Selbstwert eines Menschen und stellt einen zentralen motivationalen Faktor im beruflichen Kontext dar.

Die Wertschätzung anderer

Der Mensch will nicht nur als Träger einer Funktion, z. B. als guter Mitarbeiter oder als Vorsitzender eines Vereins, anerkannt werden. Er möchte von seiner Mitwelt vielmehr als Person geschätzt werden. Dies ist einer der Beweggründe, warum so viele Menschen öffentlich wohltätig werden.

Wie sich mangelndes Selbstwertgefühl zeigt

Kennzeichen von mangelndem Selbstwertgefühl

Ist das Selbstwertgefühl unterentwickelt, äußert sich dies vor allem in den folgenden Reaktionen:

- Übermäßige Abhängigkeit von der Umgebung. Der Mensch wird zum Ja-Sager ohne eigene Meinung und Initiative.
- Hohes Verlangen nach Sicherheit. Die Person ist nicht zu Experimenten bereit, geht kein Risiko ein.
- Übermäßiges Geltungsbedürfnis. Der Mensch geht auf die Jagd nach Erfolgen, wobei er dann oft Erfolge auf sekundären Gebieten, wie z. B. im Gartenspartenverein, erstrebt, um überhaupt etwas vorweisen zu können.

Stärken Sie Ihren Mitarbeitern den Rücken

Um das Selbstwertgefühl eines Mitarbeiters zu fördern, ist es wichtig, dass der Vorgesetzte seine Wertschätzung zum Ausdruck bringt. Seine Aufgabe besteht darin, die diesbezügliche Entwicklung zu fördern, indem er positive Verhaltensweisen durch Lob und Anerkennung verstärkt.

Vorgesetzter kann das Selbstwertgefühl des Mitarbeiters stärken

Mittel, um das Selbstwertgefühl auszubauen

- Stellen Sie eine auf gegenseitigem Vertrauen beruhende zwischenmenschliche Beziehung zu Ihren Mitarbeitern her.
- Lassen Sie Ihre Mitarbeiter immer wieder merken, dass Sie sie nicht nur als begabte Fachkräfte, sondern auch als Menschen schätzen.
- Lassen Sie sich ab und zu auf Gebieten beraten, die nicht zur Arbeit gehören, in denen der Mitarbeiter sich als Fachmann fühlt, z. B. im sportlichen Bereich oder beim Autokauf.
- Fördern Sie Einladungen zu privaten Gruppenaktivitäten.
- Schicken Sie Ihre Mitarbeiter auf Verhaltenstrainings mit dem Ziel, Sicherheit im zwischenmenschlichen Umgang zu erlangen.

Kienbaum Kompetenztest: Stärken Sie das Selbstwertgefühl

Reflektieren Sie, inwieweit Sie in der Zusammenarbeit mit Ihren Mitarbeitern eine Plattform bzw. ein Arbeitsklima schaffen, das sich positiv auf das Selbstwertgefühl Ihrer Mitarbeiter auswirkt.

Überlegen Sie:

1. Was genau tun Sie bereits, um das Selbstwertgefühl Ihrer Mitarbeiter zu stärken?
2. Welche weiteren selbstwertfördernden Maßnahmen können Sie in Ihren Führungsalltag integrieren?

Halten Sie Ihre Überlegungen schriftlich fest.

1.3 Einstellungen und Verhalten

> Das Verhalten des Menschen ist eine Funktion der Persönlichkeit und Umwelt.
>
> Kurt Lewin

Einstellungen beeinflussen das menschliche Verhalten

Die Psychologie will das menschliche Verhalten erklären und vorhersagen. Soziale Einstellungen werden vor allem deshalb so intensiv erforscht, weil sie als Verhaltensindikatoren dienen, d. h., sie beeinflussen das menschliche Verhalten. Jeder bevorzugt entsprechend seiner Eigenschaften und Einstellungen je nach Situation und Umfeld einen bestimmten Verhaltensstil.

Definition: Einstellungen sind Überzeugungen, die in Bezug auf ein Einstellungsobjekt, z. B. bestimmte Personen, Ideen, Ereignisse oder Dinge, vertreten werden. Sie stehen demnach für den Affekt, der durch ein Einstellungsobjekt hervorgerufen wird, d. h. seine positive oder negative Bewertung.

Drei Komponenten der Einstellung

Man unterscheidet insgesamt drei Komponenten der Einstellung, die eng zusammenhängen:

- Die *kognitive Komponente* besteht aus Ansichten, Denkweisen und Wahrnehmungen des Individuums. In diesem Zusammenhang fällt oft der Begriff „Meinung".
- Die *affektive Komponente* umfasst eine mehr oder weniger positive oder negative Bewertung des Einstellungsobjekts. Sie ist mit Gefühlen verbunden.
- Mit der *Verhaltenskomponente* ist die Handlungstendenz gegenüber dem Einstellungsobjekt gemeint, wobei sie sich nicht in jedem Fall tatsächlich und offen im Verhalten zeigen muss.

Beispiel: Drei Komponenten der Einstellung

Eine Führungskraft hat zu den Fähigkeiten und der Qualifikation eines Mitarbeiters eine bestimmte Einstellung bzw. Meinung. Z. B. kennt sie seinen beruflichen Werdegang und kann die Schwerpunkte seiner jetzigen Tätigkeit schildern. Dieses Wissen um Funktion und Bedeutung seiner Arbeit entspricht der kognitiven Komponente.

Davon unabhängig kann die Führungskraft den Mitarbeiter ablehnen oder wertschätzen – dies ist ein Ausdruck der emotionalen bzw. affektiven Komponente.

Über die Verhaltenskomponente lässt sich die Einstellung des Vorgesetzten beobachten. Dies kann z. B. der Grad der Verantwortung sein, die er dem Mitarbeiter überträgt, seine Bereitschaft, ihm Weiterbildungsseminare zu bewilligen, oder die Art, wie er den persönlichen Kontakt gestaltet.

Welche Funktion die menschliche Einstellungen hat

Einstellungen haben vier Funktionen

Wie aber entstehen Einstellungen? Um dies zu verstehen, ist es wichtig zu wissen, welche Aufgaben sie erfüllen können, wenn sich das Individuum mit seiner Umwelt auseinandersetzt. Die Einstellungsforschung nimmt an, dass folgende vier Funktionen für das Individuum von zentraler Bedeutung sind:

Der Mensch passt sich an

die Anpassungsfunktion

Der Mensch ist bestrebt, Belohnungen zu maximieren und Bestrafungen zu minimieren. Daher wird er zu solchen Objekten positive Einstellungen annehmen, die dazu führen, dass er aus seiner sozialen Umgebung Verstärkung erfährt oder die in sich selbst belohnend sind. Gleichzeitig entwickelt er negative Einstellungen zu Objekten, die zu Bestrafung oder Frustration führen.

Ausdruck der persönlichen Werte

die Werteausdrucksfunktion

Der Mensch möchte über seine Einstellungen seine persönlichen Wertvorstellungen ausdrücken, um so seine Gruppenzugehörigkeit zu signalisieren. Religiöse und ideologische Wertvorstellungen beruhen oft auf dieser Funktion.

Hilfe bei der Orientierung

die Orientierungsfunktion

Die Orientierungsfunktion ergibt sich aus dem Bedürfnis des Menschen, seine Umwelt mithilfe seiner Einstellungen besser zu verstehen, ihr einen Sinn zu geben und sie zu strukturieren. Das Denken in bestimmten Kategorien ermöglicht es, andere Personen und die Umwelt schnell wahrzunehmen und einzuschätzen.

Die Verteidigung des Ichs

die Ich-Verteidigungsfunktion

Die Ich-Verteidigungsfunktion dient dem Menschen zur Abwehr und als Schutz vor unerfreulichen und bedrohlichen Grundtatsachen wie Arbeitslosigkeit, Krankheit, Tod, Abwertung des Status etc. Vor allem dieser Funktion der Einstellungen ist es zu verdanken, dass Selbstwertgefühl in Krisen aufrecht erhalten werden kann.

Wie entstehen Einstellungen?

Einstellungen entstehen auf verschiedenen Wegen

Der Mensch kann seine Einstellungen aus vielerlei Gründen erwerben.

Der direkte Kontakt zu anderen

Bezugspersonen, z. B. die Familie, der Freundeskreis oder die Kollegen, liefern über die sprachliche Kommunikation neue Informationen und Auffassungen über die Umwelt, die dann als Einstellungen übernommen werden.

Bezug zu Gruppen

Menschen orientieren sich an bestimmten Gruppen, denen sie sich zugehörig fühlen. Wenn sie sich stark mit diesen Gruppen identifizieren, kann dies ebenfalls dazu führen, dass die hier vorherrschenden Einstellungen übernommen werden.

Einstellungen aus der persönlichen Erfahrung heraus

Menschen bilden auch dann Einstellungen, wenn sie mit dem Einstellungsgegenstand direkte Erfahrungen oder traumatische Erlebnisse machen, wie z. B. der Verlust des Arbeitsplatzes oder ein Verkehrsunfall.

Beispiel: Einstellungsentwicklung

Ein Mitarbeiter hat über einen längeren Zeitraum äußerst schlechte Erfahrungen mit seinem Vorgesetzten gemacht. Als Reaktion beginnt er, diese Erfahrung zu generalisieren und bezieht sie auch auf andere Vorgesetzte oder Autoritäten. Solche Einstellungen sind meist sehr ausgeprägt und dauerhaft.

Einstellungen ändern durch Kommunikation

Einstellungen beeinflussen das menschliche Verhalten. Führungskräfte werden immer wieder mit Situationen konfrontiert, in denen Mitarbeiter aufgrund ihrer Denkweisen Verhaltenstendenzen zeigen, die den aktuellen Erfordernissen nicht dienen. Dann gilt es, diese Einstellungen anzupassen. Dabei handelt es sich aber um einen z. T. äußerst langwierigen und schwierigen Prozess, denn der Mensch erwirbt sie im Laufe seiner Entwicklung und gibt sie nicht ohne Weiteres auf.

Zudem gibt es weitere Mechanismen, die eine Einstellungsänderung an dieser Stelle erschweren. Menschen selektieren aus ihrer Umwelt jene Informationen, die ihr subjektives Bild eines Einstellungsobjekts bestätigen (s. Seite 88 ff.). Dagegen ignorieren, verdrängen oder vergessen sie Hinweise, die eine Bedrohung darstellen oder nicht zu den eigenen Wertvorstellungen passen.

Informationen, die die Einstellungen bestätigen, werden selektiv aufgenommen

Was bei Einstellungsänderungen zu beachten ist

Wer als Führungskraft die Einstellungen und damit auch das Verhalten eines Mitarbeiters nachhaltig ändern will – z. B. bei einer notwendigen organisatorischen Umstrukturierung –, sollte in folgenden Schritten vorgehen:

- *Das Ziel verdeutlichen:* Ändern der kognitiven Einstellungskomponente durch Kommunikation.
- *Vorbereitung auf den Änderungsprozess:* Hinterfragen der Funktion, die die persönliche Position für den Gesprächspartner erfüllt.
- *Vorgehen während der Einstellungsänderung:* Beachtung des fünfstufigen Prozesses.

Wenn eine Einstellung durch direkte, persönliche Kommunikation geändert werden soll, sind drei Variablen von zentraler Bedeutung: der Kommunikator bzw. Sender, der Kommunikant bzw. Empfänger und die Kommunikation per se, also die Mitteilung.

Von wem kommt die Botschaft?

Ob eine effektive und dauerhafte Einstellungsänderung bei dem Mitarbeiter erreicht werden kann, hängt im großen Maße vom Sender der Botschaft ab. Wie nimmt der Empfänger den Kommunikator wahr? Wie bewertet er ihn? Eine positiv bewertete Führungskraft erreicht eher eine Einstellungsänderung als ein neutral oder negativ bewerteter Sender.

Kienbaum Expertentipp: Positives Bild erzielen

Sie selbst können viel dazu beitragen, dass Ihre Mitarbeiter sie positiv bewerten:

- Zeigen Sie ein hohes Maß an Kompetenz und Sachkenntnis. Damit erhöhen sie Ihre Glaubwürdigkeit.
- Stellen Sie Ähnlichkeiten mit dem Empfänger heraus, betonen Sie z. B. gleiche Wertvorstellungen. Dadurch erscheinen Sie sympathischer und attraktiver und schaffen gleichzeitig Nähe.
- Setzen Sie positive Verstärker ein, wie Wertschätzung, Empathie und Akzeptanz. So stellen Sie eine positive Gesprächsatmosphäre her.

Macht des Senders beeinflusst den Empfänger

Neben der positiven Bewertung schätzt der Empfänger einer Mitteilung oder Information auch ab, über wie viel Macht der Sender verfügt. Untersuchungen haben ergeben, dass Sender, die über Macht und damit über Kontroll- und Sanktionsmöglichkeiten verfügen, leichter Einstellungsänderungen bewirken können (s. Seite 38).

Daneben hilft es dem Vorgesetzten, wenn er weiß, welche Funktion die zu ändernde Einstellung hat – dies ist für den Prozess der Einstellungsänderung entscheidend. So kann es auf eine klassische Schutzfunktion zurückzuführen sein, dass ein Mitarbeiter eine Position oder seine Arbeitsinhalte nicht ändern will. In der Praxis liegt eine ablehnende Haltung gegenüber Veränderungen oft in lückenhaften oder gar falschen Informationen begründet. Dann handelt es sich um ein Defizit in der Orientierungsfunktion. Nur wer solche Zusammenhänge kennt, ist in der Lage, darauf auch zu reagieren.

Wie verhält sich der Kommunikant?

Der nächste Faktor, den es bei einer Einstellungsänderung zu beachten gilt, ist der Kommunikant, also der Empfänger der Botschaft. In welcher Beziehung steht er zum Einstellungsobjekt? Der Prozess einer Einstellungsänderung beim Kommunikanten lässt sich in einem Fünf-Stufen-Modell darstellen. Er muss folgende aufeinander aufbauende Prozessschritte durchlaufen:

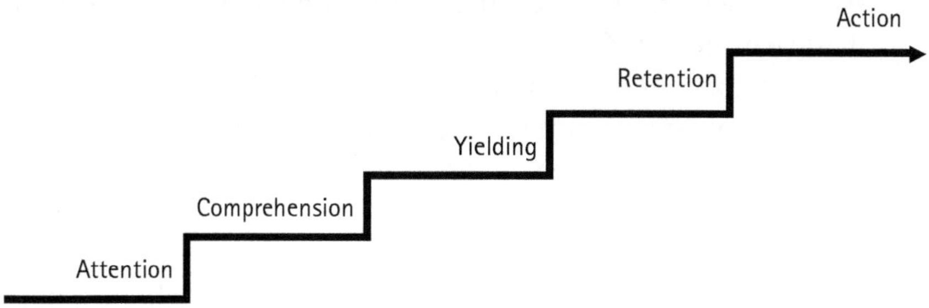

Das Fünf-Stufen-Modell der Einstellungsänderung

In fünf Stufen zur Einstellungsänderung

1. *Attention* – das Problem der selektiven Wahrnehmung
   Menschen selektieren die Eindrücke ihrer Umwelt so, dass sie mit ihren Einstellungen kompatibel sind. Das bedeutet, dass sie Informationen, die eigene Ansichten stützen, gegenteiligen Informationen vorziehen. Dagegen ignorieren oder verwerfen sie Argumente, die ihr Selbstwertgefühl bedrohen und außerdem für sie von geringem Nutzen sind. Eine Führungskraft, die eine Einstellungsänderung erreichen will, muss sich also fragen „Was kann ich tun, um die Aufmerksamkeit auf den neuen oder veränderten Sachverhalt zu lenken?"
2. *Comprehension* – das Problem des Verstehens
   Die Botschaften sollten beim Empfänger nicht zu einer Abwehrhaltung führen. Aus diesem Grund sollten die Informationen verständlich, klar und logisch formuliert sein sowie den jeweiligen Bezugsrahmen beachten. Wichtig ist hierbei, die Nachrichten immer für den jeweiligen Empfänger aufzubereiten. In einer Mitarbeiterzeitung finden andere Darstellungsformen und eine andere Sprache Anwendung als bei einer Vorstandspräsentation.
3. *Yielding* – das Problem des Nachgebens
   Es gibt drei Möglichkeiten der sozialen Beeinflussung: durch Konformitätsdruck und Macht, durch Glaubwürdigkeit sowie durch soziale Interaktion und Identifikation innerhalb einer Bezugsgruppe. Der Empfänger wird umso leichter nachgeben, je höher der Machteinfluss des Senders und damit die Möglichkeit,

Verhalten zu belohnen bzw. zu bestrafen, ist. Zudem spielen Attraktivität und Glaubwürdigkeit des Senders eine wesentliche Rolle. In der Praxis gilt es in diesem Zusammenhang genau zu überlegen und zu klären, wer welche Informationen an die Belegschaft, bzw. an den Mitarbeiter weitergibt. Tief greifende Veränderungsprozesse, zentrale interne und externe Projekte usw. sollten immer top down – sprich von der Unternehmensführung – verkündet werden.

4. *Retention* – das Problem des Behaltens
   Empfänger behalten Einstellungsänderungen am ehesten bei, wenn es sich um machtvolle und sympathische Sender handelt, die ständig gegenwärtig sind. Gleichzeitig sollten diese die Informationen möglichst häufig durch verschiedene Medien wiederholen. So ist es z. B. möglich, durch Visualisierungen wie Plakate, Schwarzes Brett etc. die Behaltensleistung zu steigern – vorausgesetzt der Empfänger hat ständigen Zugang zu diesen Mitteln.
5. *Action* – das Problem des Verhaltens
   Verhalten ist nicht nur von Einstellungen abhängig, sondern auch von bestehenden Gewohnheiten, Verstärkungserwartungen und Gruppennormen. Mitarbeiter setzen Neuerungen im Unternehmen z. B. am ehesten um, wenn deren relativer Vorteil, also die Verstärkung, möglichst groß ist, sie mit den Normen in der Abteilung bzw. der Arbeitsgruppe im Einklang stehen, also den Gruppennormen entsprechen, und der Mitarbeiter bereits in andere erfolgreiche Veränderungsprozesse involviert war, dies damit zur Gewohnheit geworden ist. Außerdem spielen Persönlichkeitsvariablen wie Wertvorstellungen und Leistungsmotivation eine Rolle.

Wie wird die Mitteilung wahrgenommen und verarbeitet?

Regeln für die Mitteilung

Die Gestaltung der Kommunikation per se, d. h. die Struktur, der Inhalt und der Stil der Mitteilung, beeinflusst den Grad der Einstellungsänderung ebenfalls in erheblichem Maße. Empirische Untersuchungen haben ergeben, dass Botschaften besser aufgenommen werden, wenn der Sender einige Regeln beachtet:

- Die Gesprächsatmosphäre sollte positiv sein. Dazu gehört, dass ausreichend Zeit vorhanden ist und der Sender Ruhe signalisiert.
- Am Beginn sollten die positiven Aspekte der Mitteilung stehen. Damit entsteht der primacy-effect, der Offenheit und Aufmerksamkeit beim Gesprächspartner erzeugt. Er hört dem Sender aktiv zu.
- Die anfängliche Position des Senders sollte von der ursprünglichen Meinung des Gesprächspartners nur wenig abweichen. Damit vermeidet er den Bumerang-Effekt, also die Gefahr, dass die ursprünglichen Einstellungen zu extrem werden und die Bereitschaft zur Einstellungsänderung stark abnimmt. Besonders bei hoher Ich-Beteiligung und geringer Glaubwürdigkeit des Senders besteht diese Gefahr.
- Die Entfernung vom Standpunkt des Gesprächspartners erfolgt nur langsam in den weiteren Ausführungen.
- Relevante Informationen werden wiederholt.
- Der Sender legt nicht nur Argumente dar, sondern zieht auch Schlussfolgerungen. Er macht seinem Gesprächspartner die Konsequenzen seines Verhaltens deutlich.

Kienbaum Expertentipp: Veränderungen kommunizieren

Veränderungsprozesse benötigen eine besonders sensible und intensive Kommunikation. Die frühzeitige und intensive Information über Ziele, Inhalte, Verlauf und erzielte Ergebnisse ist einer der wichtigen Erfolgsfaktoren von Veränderungsprozessen bzw. -projekten. Folgende Regeln haben sich dabei bewährt:

- Informieren Sie prozessnah und regelmäßig – frühzeitige Transparenz schafft Vertrauen.
- Nicht nur die Darstellung von Zielen und Inhalten ist wichtig. Arbeiten Sie auch den Nutzen, insbesondere den für die Betroffenen, heraus – damit unterstreichen Sie die Notwendigkeit der Veränderung und geben Orientierung.
- Adressat und Informationsinhalt sollten für die Wahl des Kommunikationsstils und des Kommunikationsmittels, also E-Mail, Mitarbeiterzeitschrift, persönliches Gespräch etc., ausschlaggebend sein.
- Machen Sie erzielte Zwischenerfolge und -ergebnisse sichtbar – eine entsprechende Anerkennung setzt neue Energien frei.

1.4 Das Rollendilemma – als Führungskraft die Balance finden

Effektive, d. h. wirksame Mitarbeiterführung ist als strategischer Faktor der Unternehmensführung anerkannt. Welche Leistung ein Mitarbeiter erbringt oder nicht, ist nicht nur von seiner inneren Leistungsbereitschaft, sondern auch maßgeblich vom Verhalten der Führungskraft abhängig. Damit rückt die Frage, wie Führungsverhalten effektiv gestaltet werden kann, in das Zentrum des Interesses. Aber was genau wird von Führungskräften erwartet? Was unterscheidet erfolgreiche von weniger erfolgreichen Führungskräften? Hierfür gibt es kein allgemein gültiges Patentrezept. Die Beziehungen zwischen Menschen im beruflichen Alltag sind zu komplex und vielschichtig.

Führung fängt mit Selbstreflexion an

Führung fängt immer mit der Auseinandersetzung mit der eigenen Rolle als Führungskraft an. Damit verbunden ist die Akzeptanz des Dilemmas, das mit dieser Position verbunden ist: gleichzeitig die Mitarbeiter- und die Unternehmensinteressen im Blick zu haben und miteinander vereinen zu müssen.

Wie kommt der Mensch zu seinen Rollen?

Das Wort „Rolle” ist ursprünglich aus dem Lateinischen abgeleitet und bedeutet die „Maske” – ein Begriff aus der Welt des Theaters, als die Schauspieler Masken trugen, um ihre Rolle zu verkörpern. Diese konnten sie ablegen und mit anderen vertauschen, je nachdem, was das Schauspiel vorsah.

Was ist eine „soziale Rolle"?

Heute umfasst der Begriff „soziale Rolle“ die Summe der Erwartungen an das Verhalten eines Menschen, der eine bestimmte Position innehat. Eine Rolle charakterisiert also nicht den Menschen in seiner Gesamtheit, sondern lediglich als Inhaber einer bestimmten Position. Sie ist ein Erwartungsbündel der Umwelt. Diese Erwartungen sind positionsspezifisch, mehr oder weniger verbindlich. Jeder Mensch ist gleichzeitig Inhaber verschiedener Positionen und damit Träger mehrerer Rollen.

Der Mensch sucht sich seine Rollen selbst

Der Mensch sucht sich seine Rollen selbst

Der Mensch sucht sich im Laufe seiner Entwicklung in den Systemen, in denen er lebt, verschiedene Rollen. So kann er im Unternehmen als Führungskraft auftreten, als Ehemann und Vater in der Familie oder als Parteifunktionär im Staat. Diese Rollen liegen nicht als vorgestanzte Masken bereit, sie sind nicht fertig, objektiv oder generell gültig, sondern immer einmalig, entsprechend der Erscheinungsformen der Persönlichkeit. Jede Person entwickelt sie für sich, handelt sie aus, sie werden angeboten und zurückgewiesen. Niemand wird in eine Rolle gepresst, sondern wählt sie selbst aus.

Wonach Rollen ausgesucht werden

Jeder einzelne entscheidet, welche Rollen er im täglichen Leben spielen will. Er sucht sie sich entsprechend seiner individuellen Werthaltungen, Einstellungen und Persönlichkeitseigenschaften aus, so dass er die Facetten seines natürlichen Verhaltensspektrums ausleben kann und gleichzeitig die Erwartungen der Umwelt befriedigt.

Kienbaum Kompetenztest: Reflektieren Sie Ihre Rollen

Zum professionellen Selbstmanagement gehört es, sich über seine gewählten Rollen im Klaren zu sein.

Reflektieren Sie von Zeit zu Zeit, welche Rollen Sie aktuell spielen:

- im beruflichen Umfeld, z. B. als Führungskraft, Mitarbeiter, Change-Treiber, Gestalter etc.
- im privaten Umfeld, z. B. als Freund, Partner, Elternteil, Schwiegersohn etc.

Machen Sie sich im zweiten Schritt bewusst, wer welche Erwartungen an die unterschiedlichen Rollen stellt und inwieweit Sie den Erwartungen gerecht werden wollen und können.

Rollen sind nicht immer vereinbar

Als Inhaber verschiedener Positionen nimmt jeder Mensch zahlreiche unterschiedliche Rollen ein. Diese überschneiden sich häufig und bringen Forderungen mit sich, die teilweise nicht miteinander vereinbar sind. Solche sogenannten Rollenkonflikte können entstehen, wenn

Wie Rollenkonflikte entstehen können

- eine Person mehrere Rollen nacheinander oder sogar gleichzeitig ausfüllen muss,
- die Rollenerwartungen nicht klar definiert sind,
- mit einer Rolle verschiedene unvereinbare Erwartungen verknüpft sind oder über sie kein Konsens besteht,
- eine Person von einer Position in eine andere übergeht, ohne dass das neue Rollenverhalten vorher gelernt wurde oder
- die Persönlichkeitsmerkmale einer Person, d. h. ihre Motive, Gewohnheiten, Einstellungen, das Selbstkonzept, unvereinbar mit dem erwarteten Rollenverhalten sind.

Beispiel: Rollenkonflikt

Marc Dieckmann hat sehr viel Zeit und Engagement in seine berufliche Laufbahn investiert. Vor einem halben Jahr ist er in die mittlere Managementebene aufgestiegen und führt nun ein Team von 15 Mitarbeitern. Um sich in dieser Position selbst zu verwirklichen und Anerkennung zu ernten, ist noch mehr Engagement und Initiative gefordert als bisher. Vor 21.00 Uhr ist Dieckmann meist nicht zu Hause. Auch am Wochenende fährt er stundenweise ins Büro. Gleichzeitig ist er gerade Vater geworden und möchte die Nähe zum Kind nicht verlieren. Er möchte die Vaterrolle ebenso gut ausfüllen wie seine berufliche Rolle. Dieckmann befindet sich in einem Rollenkonflikt, aus dem er keinen Ausweg sieht. Er fühlt sich der derzeitigen Situation hilflos ausgeliefert.

Wie Sie mit Rollenkonflikten umgehen können

Bewusster Umgang mit Rollenkonflikten

Treten solche Konflikte bei einer Person über einen längeren Zeitraum auf und scheinen sie noch dazu unlösbar zu sein, stellt sich ein Gefühl der Hilflosigkeit und Ohnmacht ein. Um Rollenkonflikte zu verhindern oder zumindest zu minimieren, empfiehlt sich Folgendes:

- Klären Sie den Verbindlichkeitsgrad der Erwartungen an die jeweilige Position. Sind die Forderungen als Muss-Erwartungen zu betrachten oder gelten sie lediglich als Kann-Erwartungen?
- Balancieren Sie die unterschiedlichen Forderungen aus. Finden Sie eine akzeptierte Lösung, die Ihnen Stabilität und Sicherheit bringt.

- Interpretieren Sie Ihre Rollen innerhalb der tolerierten Grenzen in einer Art und Weise, die Ihren eigenen Motivationen und Fähigkeiten entgegenkommt.
- Setzen Sie klare Prioritäten! Bestimmen Sie den Lebensbereich, der für Sie zum gegenwärtigen Zeitpunkt die höchste subjektive Bedeutung besitzt, also z. B. Familie oder Beruf oder Freunde.
- Definieren Sie klare Ziele, die Sie sich in der jeweiligen Position setzen, und verfolgen Sie diese konsequent! Dadurch erlangt Ihr Handeln den Aspekt der Selbststeuerung und scheint nicht weiter fremdbestimmt.
- Ziehen Sie sich aus einer Position zurück, wenn mit ihr ein Rollenverhalten verbunden ist, das Ihren eigenen Persönlichkeitsmerkmalen oder Fähigkeiten nicht entspricht.

Welche Rollenerwartungen muss eine Führungskraft erfüllen?

Erwartungen an eine Führungskraft

Die Position einer Führungskraft ist äußerst facettenreich und mit ihr sind zahlreiche verschiedene Begriffe verbunden: Moderator, Kommunikator, Coach, Supporter, Förderer, Motivator, Visionär, Supervisor, Controller, Facilitator, Informator ... Mit jeder dieser Bezeichnungen sind Erwartungen verbunden, die an die Führungsposition gestellt werden.

Was sich Mitarbeiter von ihren Vorgesetzten erhoffen

In der Praxis lässt sich oft ein großer Unterschied feststellen zwischen dem, was sich Vorgesetzte unter gutem Führungsverhalten vorstellen, und dem, was Mitarbeiter erwarten. Es gibt keinen Katalog zentraler Anforderungen und Erwartungen. Mitarbeiterbefragungen und Untersuchungen haben aber grundlegende Tendenzen ergeben. Danach sieht die Rangfolge der Erwartungen so aus:

1. Anerkennung für gute Arbeit
2. genaue Kenntnis des Produkts und der Firmenzielsetzung
3. Eingehen auf private Sorgen
4. gutes Einkommen
5. interessante Arbeit

6. gesicherter Arbeitsplatz
7. Wohlergehen der Firma
8. Loyalität zwischen Arbeitgeber und Arbeitnehmer
9. Gute Arbeitsbedingungen
10. Höflichkeit der Führungskräfte

Was sich Mitarbeiter wünschen

Das Meinungsforschungsinstitut Gallup hat weitere zentrale Erwartungen zusammengetragen:

- Mein Chef soll mich nicht andauernd stören und mir dadurch die Möglichkeit nehmen, meine Arbeit zu erledigen.
- Ich will ein klares Ziel und eindeutige Leistungsvorgaben.
- Ich erwarte gründlich vorbereitete Entscheidungen, damit sie nicht fortlaufend umgeworfen werden.
- Mein Chef soll nicht glauben, dass ich ihn bereits verstanden habe, wenn er etwas sagt.
- Bei Gesprächen soll er nicht andauernd Wesentliches und Unwesentliches vermischen.
- Er soll in der Firma einen intensiven Erfahrungsaustausch organisieren, so dass aus der Praxis wirklich gelernt werden kann.
- Er soll nur das an Veränderungen einführen, was unbedingt erforderlich ist.
- Ich möchte erfahren, was meinem Chef an meiner Arbeit nicht gefällt und was ich zur Veränderung tun soll.
- Ich möchte besser informiert sein.
- Ich möchte Aufträge besser verteilt bekommen.

Anforderungen erkennen mit dem 360°-Feedback

Abgleich von Selbstbild und Fremdbild

Damit die Führungskraft die konkreten Anforderungen an sich selbst definieren kann und eine umfassende Rückmeldung darüber erhält, wie ihr Führungsverhalten wahrgenommen wird, bietet sich ein 360°-Feedback an. Es bietet die Möglichkeit eines strukturierten und ausführlichen Selbstbild-Fremdbild-Abgleichs. Bei dieser Methode beurteilen Mitarbeiter, Vorgesetzte, Kollegen und Kunden die Führungskraft. Zudem ist eine Selbsteinschätzung der betreffenden Person Bestandteil. Die Vorteile sind:

- Das 360°-Feedback gewährleistet ein Höchstmaß an Objektivität und Praxisrelevanz, da die Leistung „von allen Seiten" beurteilt wird und zudem aus der Arbeitssituation heraus erfolgt.
- Die Führungskräfte sind über die Selbsteinschätzung mit in den Beurteilungsprozess integriert und setzen sich so aktiv mit ihrem eigenen Verhalten auseinander.
- Weil sich unterschiedliche Feedback-Geber zu Wort melden, formt sich ein ganzheitliches Fremdbild, das dem subjektiven Selbstbild gegenübersteht. Die Wahrnehmung durch wichtige Interaktionspartner im Unternehmen wird realitätsgerecht widergespiegelt.

Viele Feedback-Geber kommen zu Wort

- Die Methode liefert realistische Informationen über vorhandene Potenziale und Entwicklungsmöglichkeiten.
- Vor dem Hintergrund bewusster, strukturierter Reflexion über das Verhalten der Führungskraft werden hemmende und förderliche Faktoren der Zusammenarbeit erfassbar.

Kienbaum Kompetenztest: Was wird von Ihnen erwartet?
Erwartungen werden von mehreren Seiten an die Führungskraft herangetragen – informell oder formell. Sie sollten folgende Fragen klären:

- Welche Erwartungen haben meine Mitarbeiter?
- Welche Erwartungen hat mein Vorgesetzter?
- Welche Erwartungen haben meine Kollegen?
- Welche Erwartungen haben meine internen/externen Kunden?

Erst wenn ein klares Bild über die vielfältigen Anforderungen an die Führungsposition existiert, ist es Ihnen möglich, Ihre zentralen Aufgaben zu definieren und abzugrenzen sowie Ihr bisheriges Verhalten selbstkritisch zu reflektieren.

Die Führungskraft im Dilemma

Jede Führungskraft steckt im Dilemma

Die Erwartungen von allen Seiten machen sichtbar, dass jede Führungskraft notwendig in Widersprüchen leben muss, aus denen es keinen eindeutigen und gesicherten Ausweg gibt. Sie ist ständig widersprüchlichen Erwartungen ausgesetzt. Sie soll einerseits verständnisvoll sein und Zeit für ihre Mitarbeiter haben, zugleich ehrgeizige Ziele erreichen und schnell auf sich verändernde Marktsituationen reagieren. Sie soll als Coach ihrer Mitarbeiter auftreten, sie aber auch kontrollieren und für optimale Resultate sorgen. Ihr Handeln soll berechenbar sein und mittels reibungsloser Abläufe Sicherheit vermitteln, gleichzeitig ist sie aber auch als Unternehmer im Unternehmen aufgefordert, Risiken einzugehen und Neues zu wagen. Werte wie Vertrauen, Fairness, Respekt und Ehrlichkeit stehen den Forderungen nach Profitabilität, Umsatz, Kostenreduzierung oder strikter Ausrichtung am Nutzen für Kunden und Aktionäre gegenüber.

Zwiespalt ist vorprogrammiert

Es ist nicht möglich, allen Erwartungen gerecht zu werden

Eine Führungskraft kann nicht gleichzeitig allen Erwartungen hundertprozentig gerecht werden – sie lebt damit in einem ständigen nicht lösbaren Dilemma. Egal, welchem Wert sie Priorität einräumt, sie vernachlässigt einen anderen – und kann damit scheitern.

Dilemmata in der Führungsrolle		
Gleichbehandlung aller	⟷	Individualität und Eingehen auf den Einzelfall
Distanz zu Mitarbeitern	⟷	Nähe und Wärme
Kontrolle	⟷	Vertrauen
Stabilität und Sicherheit	⟷	Innovation und Veränderung
Konkurrenz und Wettbewerb	⟷	Kooperation und Harmonie
Selbstorientierung	⟷	Teamorientierung

Wichtig ist, diese Widersprüche zu erkennen und zu akzeptieren. Es gibt keinen eindeutigen und sicheren Ausweg. Führungskräfte müssen lernen, den resultierenden Druck auszuhalten und von der „Entweder-Oder“-Einstellung – z. B. entweder den Mitarbeitern viel Freiraum geben oder die Arbeitsergebnisse streng kontrollieren – Abschied zu nehmen.

Umgang mit Widersprüchen

Von Führungskräften wird damit eine hohe Ambiguitätstoleranz gefordert. Damit ist die Fähigkeit gemeint, Widersprüche auszuhalten, sie auszubalancieren und situativ zu entscheiden und zu handeln.

Kienbaum Expertentipp: Balance finden

Die Anforderungen an Sie als Führungskraft sind vergleichbar mit dem Balanceakt eines Jongleurs: alle Bälle in der Luft zu halten. Viele der oben aufgeführten Forderungen schließen sich nicht zwangsläufig aus. Ein ehrlicher Umgang mit den Mitarbeitern ist z. B. wichtig, um Vertrauen aufzubauen. Dennoch können Sie im Führungsalltag immer wieder in Situationen geraten, die von Ihnen eine gewisse Taktik und Diplomatie im Umgang mit Informationen erfordern.

Eine Führungskraft muss unabhängig sein

Der Umgang mit ambivalenten Erwartungen erfordert innere Unabhängigkeit und den Mut zu „Trial and Error". Das bedeutet nicht nur Neues auszuprobieren, sondern auch einmal unpopuläre Entscheidungen zu treffen. Das Führungsdilemma fordert oft Kompromisse zwischen Alternativen, die jeweils beide unverzichtbar sind. Wichtig ist, den Mitarbeitern Entscheidungswege transparent darzulegen und zu begründen sowie für getroffene Entscheidungen die volle Verantwortung zu übernehmen.

1.5 Führungstheorien und die Frage nach dem wirksamen Führungsstil

In der Praxis lässt sich immer wieder feststellen, dass gelebte Führungskultur und gezeigtes Führungsverhalten von Unternehmen zu Unternehmen und auch innerhalb einer Organisation sehr stark variieren.
So gibt es Führungskräfte, die ein stark direktives Verhalten zeigen. Sie geben Ziele vor, strukturieren die Aktivitäten, fällen Entscheidungen und kontrollieren die Leistung ihrer Mitarbeiter. Andere wiederum konzentrieren sich darauf, persönliche Beziehungen zu den Mitarbeitern aufzubauen, ein starkes Wir-Gefühl zu vermitteln und insgesamt eine harmonische Arbeitsatmosphäre zu schaffen.

Welches Führungsverhalten aber ist am wirksamsten und führt zum nachhaltigen Erfolg?

Anfänge der Führungsstilforschung – der Hawthorne-Effekt

1927 begannen in den Hawthorne-Werken der Western Electric Company in Chicago arbeitswissenschaftliche Untersuchungen, in denen erstmals beobachtet und systematisch analysiert wurde, welche Relevanz verschiedene Umweltbedingungen wie Beleuchtung, Arbeitszeit und Arbeitspausen auf die Motivation und Leistung der Mitarbeiter sowie auf das Betriebsklima haben. Die Forscher protokollierten Arbeitsabläufe und Verhalten und führten mit den Mitarbeitern Gespräche durch.

Befragung an sich verbesserte bereits das Klima

Wertschätzung verbesserte Arbeitsleistung

Die Ergebnisse der Untersuchungen waren irritierend. Unabhängig von den Veränderungen der Umweltbedingungen verbesserten sich wöchentlich die Arbeitsleistungen. Die unerwarteten Resultate wurden schließlich mit sozialen und gruppendynamischen Faktoren erklärt: Im Verlauf der Untersuchungen entstand eine Vielzahl von informalen Beziehungen unter den Mitarbeitern sowie zwischen diesen und ihren Vorgesetzten und den Untersuchungsleitern. Die Mitarbeiter erfuhren damit in einer bis dahin nicht bekannten Art und Weise Wertschätzung und Aufmerksamkeit. Dies führte im Verlauf der Untersuchung zu einer höheren Motivation und wirkte sich direkt auf die Arbeitsleistung aus.

Folgen der Untersuchung

Diese Studie lenkte die Aufmerksamkeit auf sozialpsychologische Aspekte, d. h. die Bedeutung informaler sozialer Beziehungen hinsichtlich Motivation, Zufriedenheit und Arbeitsleistung. Die sogenannte Human-Relations-Bewegung setzte ein, deren Verdienst es ist, dass soziale und gruppendynamische Phänomene im Unternehmen berücksichtigt werden. Sie löste unter anderem wichtige Impulse zur Erforschung und Verbesserung der Mitarbeiterführung aus.

Menschenbild nach McGregor – die Basis für die weitere Führungsstilforschung

Gegenüberstellung zweier Menschenbilder

Menschenbilder sind vereinfachte, standardisierte Muster menschlicher Einstellungen und daraus resultierender Verhaltensweisen. Am Massachusetts Institute of Technology entwickelte der amerikanische Wissenschaftler Douglas McGregor ein System, mit dessen Hilfe er die Leistungsbereitschaft der Mitarbeiter einordnete: die Theorie X und die Theorie Y. Diese Modelle beschreiben zwei völlig konträre Menschenbilder bezüglich der Einstellungen der Mitarbeiter zur Arbeitsbereitschaft:

Grundaussage der Theorie X

Theorie X: Der Mensch ist von Natur aus faul

Die Annahmen der Theorie X sind von einem grundsätzlichen Misstrauen der Führungskraft in die Mitarbeiterleistung geprägt. Sie besagen, dass der Mensch von Natur aus faul sei. Er besitze weder den Ehrgeiz, etwas zu erreichen, noch zeige er sich engagiert. Arbeit sei für ihn ein notwendiges Übel, vor dem er sich zu drücken versucht.

Vor dem Hintergrund der Theorie X besteht die Führungsaufgabe allein darin, das Personal zu steuern, zu kontrollieren, Druck auszuüben und Mitarbeiter gegebenenfalls zu bestrafen, um das Verhalten im Sinne der Unternehmensziele zu beeinflussen. Ohne diese Maßnahmen sind die Arbeitnehmer passiv oder leisten sogar Widerstand.

Annahmen der Theorie Y

Theorie Y: Der Mensch will sich verwirklichen

Die Theorie Y postuliert dagegen, dass jeder Mensch den Willen hat, sich selbst und seine Fähigkeiten zu verwirklichen. Er bringt physischen und geistigen Einsatz, besitzt Ehrgeiz, sich weiterzuentwickeln, und möchte Verantwortung übernehmen.

Ausgehend von diesem Menschenbild äußert sich Führung, indem ein auf Vertrauen basierendes Arbeitsumfeld geschaffen wird, das dem Mitarbeiter die Möglichkeit bietet, Leistung zu erbringen und entsprechend seiner Potenziale herausfordernde Aufgaben zu bewältigen.

Theorie X	Theorie Y
• Lenkung durch autoritäre Vorgaben • starke Kontrollen • Motivation nur durch finanzielle Anreize	• Partizipation und Kooperation • Vereinbarung herausfordernder individueller Ziele; Selbstkontrolle • Motivationskraft aus Anerkennung und Selbstverwirklichung

Theorie X erwies sich als „unbrauchbar" zur Leistungssteigerung

Trägheit ist Ergebnis von Kritik, Schuldzuweisung, Bestrafung und enger Kontrolle

McGregors Untersuchungen führten zu dem Ergebnis, dass ein Führungsstil, der auf der Theorie X basiert, nicht geeignet ist, die Leistungsbereitschaft der Mitarbeiter langfristig zu steigern. Trägheit und Unzuverlässigkeit der Arbeitnehmer sind das Ergebnis von Kritik, Schuldzuweisung, Bestrafung und enger Kontrolle.

Das Führungsverhalten sollte sich vielmehr auf die Theorie Y stützen. Einsatzfreude und Leistungsbereitschaft der Arbeitnehmer ergeben sich, wenn das Führungsverständnis durch Integration und Selbstkontrolle gekennzeichnet ist. Sie sind Reaktionen auf Kooperation, Partnerschaftlichkeit, Verantwortung und Anerkennung.

Die Theorie Y in der Praxis

Das Führungsverhalten hat maßgeblichen Einfluss auf das Verhalten und die Leistung der Mitarbeiter:

- Vereinbaren Sie gemeinsam mit Ihren Mitarbeitern Ziele, die aus den Unternehmens- bzw. Bereichszielen abgeleitet sind (s. Seite 154).
- Verfolgen Sie gemeinsam mit Ihren Mitarbeitern die Zielerreichung. Beziehen Sie Ihre Mitarbeiter in die Kontrolle und Beurteilung ihrer Arbeit mit ein.
- Delegieren Sie nicht nur Aufgaben, sondern auch Verantwortung (s. Seite 148).
- Entwickeln Sie Ihre Mitarbeiter, indem Sie ihren Handlungsspielraum erhöhen und ihr Aufgabenspektrum erweitern.
- Loben Sie Ihre Mitarbeiter für gute Leistungen.

Traditionelle Führungsstile

Die Führungsstilforschung unterschied ursprünglich drei Führungsstile, die auch heute noch im Rahmen von Führungsseminaren erwähnt werden: autoritär, kooperativ bzw. demokratisch und Laissez-faire.

Führung von oben

Der Begriff „autoritärer Führungsstil" bezeichnet ein Führungsverhalten, das die Meinung der Mitarbeiter bei Entscheidungen weitgehend unberücksichtigt lässt. Der Vorgesetzte hält alle Fäden in der Hand. Er setzt Ziele, plant, entscheidet und kontrolliert. Jeder Mitarbeiter erhält nur die Informationen, die für den zugeteilten Arbeitsbereich unbedingt nötig sind. Die sachliche Leistung steht im Vordergrund, persönliche Dinge haben am Arbeitsplatz nichts zu suchen. Bestehende Konflikte werden ignoriert oder per Entscheidung der Führungskraft gelöst.

Autoritäre Führungskräfte entscheiden alles selbst

Beteiligung der Mitarbeiter

Beim kooperativen bzw. demokratischen Führungsverhalten bezieht die Führungskraft ihre Mitarbeiter bei Fragen der Zielsetzung, Planung und Entscheidung mit ein. Einzelne Mitarbeiter und Arbeitsgruppen nehmen an Führungsaufgaben teil.

Der Vorgesetzte bespricht Fehler mit den Betroffenen und erkennt gute Leistungen an. Bestehende Konflikte werden unter Beteiligung der Gruppe bzw. der Betroffenen gelöst. Kooperation gilt als eine wesentliche Voraussetzung, um Mitarbeiter dazu anzuregen, sich aus eigenem Antrieb selbstverantwortlich und motiviert für ihre Arbeit einzusetzen.

Kooperation regt Selbstverantwortung der Mitarbeiter an

Mitarbeiter sich selbst überlassen

Der Führungsstil des Laissez-faire beschreibt idealtypisch ein Führungsverhalten, das die Mitarbeiter weitgehend sich selbst überlässt. Die Führungskraft kümmert sich weder um die Mitarbeiter noch um deren Leistungsoutput – sie verweigert die Führungsaufgabe. Mitarbeiter reagieren teils frustriert, teils desorientiert auf das Führungsvakuum. Für Unternehmen, deren Ziel es ist, Gewinn zu erarbeiten, ist eine Laissez-faire-Haltung der Führungskräfte höchst problematisch.

Wie sich die Führungsstile auswirken

Demokratische Stil macht am zufriedensten

Führungsstilforscher untersuchten den Einfluss der drei unterschiedlichen Führungsstile auf das Verhalten und die Leistung der Gruppenmitglieder sowie auf das Gruppenklima. Die Ergebnisse zeigten, dass die Mehrzahl mit dem demokratischen Stil zufriedener und die Einstellungen insgesamt positiver waren.

- Der autoritäre Stil führte zu unterwürfigem, reizbarem oder aggressivem Verhalten der Mitarbeiter. Es wurde eine große Unzufriedenheit beobachtet. Die Arbeitsergebnisse waren von hoher Quantität, aber geringer Qualität.
- Eine hohe Reizbarkeit und Aggressivität sowie beträchtliche Unzufriedenheit waren die Folgen des Laissez-faire-Stils. Hier war die Leistung quantitativ am schlechtesten. Die Produkte waren von mittlerer Qualität.
- Durch den kooperativen Stil dagegen wurden die Mitarbeiter zufrieden, sie waren wenig gereizt oder aggressiv. Die Produkte waren zwar von mittlerer Quantität, aber hoher Qualität.

Allerdings ergaben nachfolgende Untersuchungen auch einige Einschränkungen in der Überlegenheit demokratisch geführter Gruppen. Ihre Effizienz ist nur dann gegeben, wenn die Mitarbeiter einen kooperativen und partnerschaftlichen Führungsstil erwarten, wenn sie die getroffenen Entscheidungen für wichtig halten und diese in direkter Beziehung zu ihrer Arbeitsleistung stehen.

Kennzeichen des kooperativen Führungsstils

Grundregeln für den kooperativen Führungsstil

Für Führungskräfte, die den kooperativen Führungsstil präferieren, gelten folgende Grundregeln:

- Setzen bzw. Vereinbaren klarer Ziele.
- Mitbeteiligung der Mitarbeiter bei Entscheidungen (Partizipation).
- Koordinieren der Tätigkeiten der Mitarbeiter.
- Kontrollieren der Zielerreichung.
- Delegieren von Aufgaben, Kompetenzen, Verantwortung.
- Förderung der selbstständigen Arbeit der Mitarbeiter.

- Berücksichtigen der Bedürfnisse der Mitarbeiter.
- Hilfe bei der Konfliktlösung.
- Mitarbeiter fördern, objektiv beurteilen, gerecht behandeln.
- Einsetzen von Lob und konstruktiver Kritik.

Wie wirken sich Aufgaben- und Mitarbeiterorientierung aus?

Führungsstile sind nicht allgemein gültig

Heute wird den geschilderten Experimenten vor allem historische Bedeutung, aber kaum noch Erkenntniswert beigemessen. Der Hauptmangel der Untersuchungen besteht darin, dass die jeweilige Situation ausgeklammert wurde. Die weitere Forschung zeigte schnell, dass es keine allgemein geltenden Führungsstile oder -verhaltensweisen gibt, sondern dass der Führungserfolg von einer Reihe von situationsbedingten Einflussfaktoren abhängig ist.

Kienbaum Expertentipp: Situation berücksichtigen

Reales Führungsverhalten ergibt sich aus der Interaktion einer Vielzahl situativer wie personenbezogener Bedingungen. D. h., einen situationsübergreifend besten Führungsstil kann es nicht geben.

Mitarbeiter- oder Aufgabenorientierung?

Kennzeichen von Mitarbeiter- und Aufgabenorientierung

An der Ohio State University versuchten Forscher, das Führungsverhalten zu erfassen und greifbar zu machen. Sie baten „die Geführten" mithilfe standardisierter Fragebögen das Verhalten ihrer unmittelbaren Vorgesetzten anonym zu beschreiben. Dabei kristallisierten sich immer zwei Faktoren des Führungsverhaltens heraus:

- *Consideration, also Mitarbeiterorientierung.* Die Führungskraft unterstützt ihre Mitarbeiter im Arbeitsalltag stark, motiviert und tritt als Berater und Coach auf. Sie interessiert sich für die Bedürfnisse, die privaten und beruflichen Ziele und Pläne der Mitarbeiter.
- *Initiating Structure, also Aufgabenorientierung.* Der Vorgesetzte zeigt eine hohe Sachorientierung. Die Organisation ist aufgabenbezogen, die Mitarbeiter werden kontrolliert und zu höherer Leistung angehalten.

Mitarbeiterorientierung (Consideration)	Aufgabenorientierung (Initiating Structure)
• Ich behandle meine Mitarbeiter als Partner. • Ich unterstütze meine Mitarbeiter in dem, was sie tun. • Ich interessiere mich für die persönlichen Belange, Interessen und Bedürfnisse meiner Mitarbeiter. • Ich kommuniziere häufig frei und unbefangen mit meinen Mitarbeitern. • Ich bemühe mich um eine harmonische Atmosphäre in meinem Team.	• Ich achte darauf, dass meine Mitarbeiter ihre Arbeitskraft voll einsetzen. • Ich gebe klare Anweisungen und kontrolliere die Ergebnisse. • Mein Interesse gilt der Zielerreichung und weniger der Mitarbeiterentwicklung. Nur unter Druck und Tadel bringen die Mitarbeiter Leistung. • Ich rege leistungsschwache und langsame Mitarbeiter an, sich noch mehr anzustrengen.

Faktoren bestehen unabhängig voneinander

Hohe Mitarbeiterorientierung führt zu Arbeitszufriedenheit

Die Ergebnisse der Ohio-Studien weisen darauf hin, dass die Aufgaben- und die Mitarbeiterorientierung nicht zwei Pole einer Führungsdimension sind, sondern als unabhängige Faktoren des Führungsverhaltens zu verstehen sind. Empirische Untersuchungen zeigen, dass eine starke Aufgabenorientierung mit einer hohen Abstinenz- und Kündigungsrate und mit Arbeitsunzufriedenheit einhergeht. Eine hohe Mitarbeiterorientierung führt dagegen zu Arbeitszufriedenheit und einem stärkeren Gruppenzusammenhalt. Dennoch sind die effektivsten Führungskräfte diejenigen, die beide Dimensionen in ihrem Verhaltensspektrum verankert haben.

Das Konzept der situativen Führung

Kritiker der Ohio-Studien bemängeln die Übersimplifizierung. Die berücksichtigten Dimensionen sind stark zusammengefasst, sehr global und breit angelegt. Sie stellen unzulässige Verkürzungen des Führungsverhaltens dar. Andere wichtige Einflussfaktoren, wie die Gruppendynamik, Arbeitssituation etc., finden in diesem Ansatz keine Berücksichtigung.

Welcher Situationsfaktor ist relevant?

Das Konzept der situativen Führung, dass die Amerikaner Paul Hersey und Kenneth H. Blanchard entwickelten, ist zwar theoretisch wenig fundiert, aber in der Praxis weit verbreitet. Es beruht auf den beiden Hauptfaktoren der Ohio-Studien: der Mitarbeiter- und der Aufgabenorientierung. Hersey und Blanchard unterscheiden vier Führungsstile, die jeweils situativ angepasst werden müssen: delegieren, unterstützen, trainieren und lenken (s. Seite 57). Dabei postulieren sie nur einen einzigen relevanten Situationsfaktor: den des Reifegrads des Mitarbeiters. Er gilt als zentrales Kriterium für die Wahl des effektiven Führungsstils.

Reifegrad bestimmt den Führungsstil

Welchen Reifegrad besitzt der Mitarbeiter?

Der Reifegrad des Mitarbeiters definiert sich durch dessen Kompetenz und Engagement. Wie kompetent jemand auftritt, ist abhängig von seinen Fähigkeiten und Fertigkeiten, die auf seiner Ausbildung, Erfahrung und Routine beruhen. Das Engagement umfasst zum einen den Aspekt des Selbstvertrauens. Dies hängt von seiner psychologischen Reife und seinem Selbstwertgefühl ab. Zum anderen gehört zum Engagement der Leistungswille bzw. die Motivation. Dies offenbart sich in seinem Interesse und seiner Begeisterung für die Aufgabe. Der Reifegrad ist gekennzeichnet durch:

- die Fähigkeit, sich hohe, jedoch erreichbare Ziele zu setzen; das ist die sogenannte Erfolgsmotivation,
- die Bereitschaft und Fähigkeit, Verantwortung zu übernehmen,
- die Ausbildung bzw. die Erfahrung eines Einzelnen.

Was den Reifegrad kennzeichnet

Kienbaum Expertentipp: Reifegrad ist situationsspezifisch

Bitte beachten Sie, dass sich diese Kriterien ausschließlich auf bestimmte auszuführende Arbeiten beziehen. D. h., der Mitarbeiter ist nicht an sich reif oder unreif. Menschen zeigen vielmehr unterschiedliche Reifegrade, je nachdem, wie ihre Ziele, die Funktion oder die Aufgabe aussehen.

Kienbaum Kompetenztest: Reifegrad Ihrer Mitarbeiter

Schätzen Sie Fähigkeiten und Engagement für jeden Ihrer Mitarbeiter ein, indem Sie folgende Fragen beantworten:

Fähigkeiten

- Kann Ihr Mitarbeiter aufgetragene fachliche Problemstellungen eigenständig lösen?
- Gibt es ein Wissensdefizit, das ausgeglichen werden muss, bevor neue Aufgaben angegangen werden?
- Arbeitet Ihr Mitarbeiter selbstständig?
- Sucht Ihr Mitarbeiter berufliche Entscheidungen oder meidet er sie?

Engagement

- Setzt sich Ihr Mitarbeiter gern mit neuen Aufgaben auseinander?
- Verfügt Ihr Mitarbeiter über eine hohe Bereitschaft zur Leistung?
- Ist Ihr Mitarbeiter belastbar?
- Hat er die Grenzen seiner Belastbarkeit erreicht oder verfügt er über Reserven?
- Welche Motive spornen Ihren Mitarbeiter zur Leistung an?
- Sucht oder meidet Ihr Mitarbeiter Verantwortung?

Wann ist welcher Führungsstil angebracht?

Vier Führungsstile

Wie bereits erläutert, zeigt sich eine hohe Aufgabenbezogenheit dann, wenn die Führungskraft vorgibt, wann, wozu, was und wie der Mitarbeiter etwas zu tun hat. Stark mitarbeiterbezogenes Verhalten ist geprägt durch Unterstützung und Hilfeleistung. Die Führungskraft beachtet die Vorschläge des Mitarbeiters. Die vier Führungsstile ergeben sich aus der Kombination von Aufgaben- und Mitarbeiterbezogenheit.

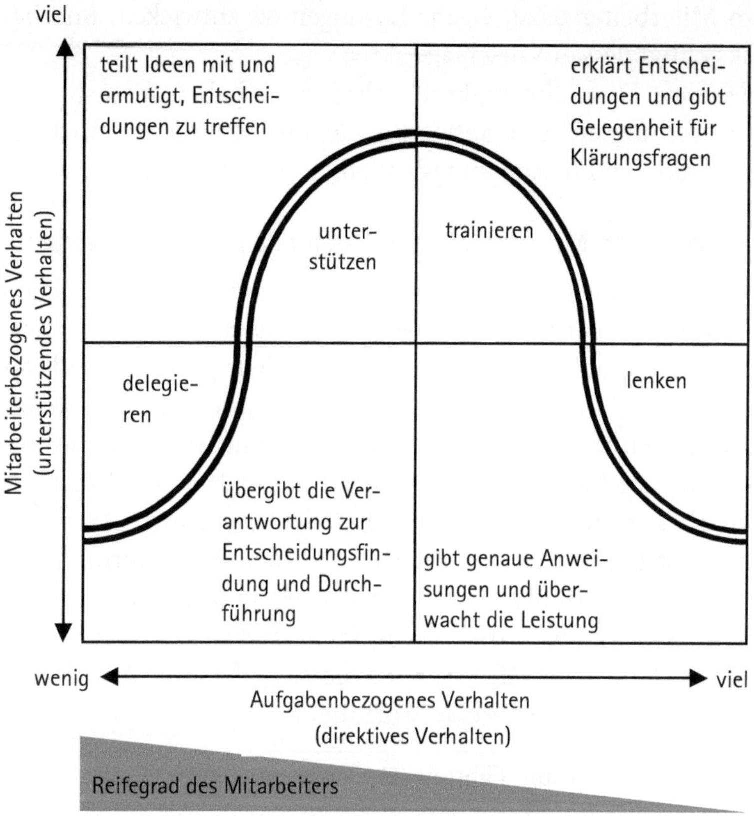

Situative Führung nach Hersey und Blanchard

Kennzeichen der Führungsstile

Wie geht die Führungskraft vor?

In Abhängigkeit vom Reifegrad des Mitarbeiters wendet die Führungskraft einen dieser Führungsstile an.

- *Lenken:* Die Führungskraft gibt das Ziel vor und den Weg, auf dem dieses erreicht werden soll. Sie löst auftretende Probleme und fällt Entscheidungen.
- *Trainieren:* Die Führungskraft ermöglicht dem Mitarbeiter, bei Teilaufgaben Verantwortung zu übernehmen. Er bleibt im Delegationsprozess eng eingebunden und lenkt nur, wenn dies notwendig wird.
- *Unterstützen:* Die Führungskraft stärkt dem Mitarbeiter den Rücken, baut Selbstvertrauen und Motivation auf. Sie verhilft

dem Mitarbeiter dazu, eigene Lösungen zu entwickeln und berücksichtigt dessen Vorschläge aktiv.

- *Delegieren:* Die Führungskraft delegiert Aufgaben inklusive der damit verbundenen Verantwortung an den Mitarbeiter. Auch die dazugehörigen Entscheidungsbefugnisse werden übertragen.

Die Steuerung des Mitarbeiters durch den adäquaten Führungsstil

Mitarbeiter wird gefördert

Das Reifegradmodell berücksichtigt nicht nur den aktuellen Stand des Mitarbeiters, sondern auch seine kontinuierliche Entwicklung und Qualifizierung. Beginnend mit einem niedrigen Reifegrad des Mitarbeiters, z. B. als Auszubildender oder Absolvent, informiert und lenkt die Führungskraft zunächst. Über adäquate Führungsmittel, z. B. Rückmeldung über Performance und Leistung, führt sie den Mitarbeiter auf einen höheren Entwicklungsstand. Mit wachsender Selbstständigkeit des Mitarbeiters kann die Führungskraft zunächst ihr aufgabenbezogenes und schließlich auch ihr mitarbeiterbezogenes Verhalten bzw. Engagement reduzieren. Schließlich delegiert die Führungskraft nur noch die Aufgabe oder das Ziel sowie die damit verbundene Verantwortung.

Kienbaum Expertentipp: Führungskraft gewinnt Zeit

Auch Sie als Führungskraft profitieren von diesem Vorgehen, denn wenn Kompetenz und Selbstvertrauen des Mitarbeiters schrittweise steigen, müssen Sie weniger Zeit aufwenden.

Ziel ist das Delegieren

Grundsätzliches Ziel ist, den Führungsstil im Laufe der Zeit vom Lenken zum Delegieren zu entwickeln, abhängig davon, wie die Leistung des jeweiligen Mitarbeiters beurteilt wird. Macht dieser keine Fortschritte, sollte in der Wahl des Führungsstils ein Schritt zurückgegangen werden, bis Fortschritte zu verzeichnen sind.

Kienbaum Kompetenztest: Situative Führung im Alltag

Integrieren Sie das Modell in Ihren Alltag. Stellen Sie es Ihren Mitarbeitern z. B. in einem Gespräch vor und erarbeiten Sie gemeinsam Ableitungen für die Zusammenarbeit.

- Lassen Sie den Mitarbeiter seinen derzeitigen Entwicklungsstand, also seinen Reifegrad, bezogen auf einen bestimmten Aufgabenbereich und eine klare Zielsetzung, einschätzen.
- Gleichen Sie diese Einschätzungen mit Ihren Beobachtungen ab. Wo gibt es Unterschiede? Sprechen Sie über die unterschiedliche Wahrnehmung vor dem Hintergrund möglicher Konfliktpotenziale.
- Vereinbaren Sie, je nach Reifegrad und Zielsetzung, das adäquate Führungsverhalten. Welche Erwartungen hat der Mitarbeiter an Ihren Führungsstil?

Beachten Sie bitte, dass Sie den Entwicklungsstand des Mitarbeiters auf eine bestimmte Aufgabe bzw. ein bestimmtes Ziel stets von neuem abschätzen müssen.

Kienbaum Kompetenztest: Prüfen Sie Ihr Führungsverhalten

Denken Sie bitte an drei Mitarbeiter, die aus Ihrem Verantwortungsbereich sind und mit denen Sie häufig Probleme haben.

- Wie haben Sie diese Mitarbeiter bisher geführt?
- Welcher Führungsstil wäre der geeignetste für diese Mitarbeiter?
- Leiten Sie aus diesen gewonnenen Erkenntnissen konkrete Maßnahmen für die nächsten 4 Wochen ab.
- Reflektieren Sie in der 4wöchigen Umsetzungsphase die Effekte der Maßnahmen.

Was gegen das Reifegrad-Modell spricht

Vielzahl der situativen Rahmenbedingungen werden nicht berücksichtigt

Die Hauptkritik am Modell von Hersey und Blanchard besteht darin, dass es den „one best way“ in Abhängigkeit vom Reifegrad postuliert und damit die Vielfalt an situativen Rahmenbedingungen unberücksichtigt lässt. Persönlichkeitsmerkmale der Führungskraft, z. B. die Facetten der sozialen Kompetenz, sowie Rahmenbedingungen wie Unternehmenskultur, Marktsituation oder Gruppendynamik bleiben ausgeblendet. So ist es in Notsituationen nicht möglich, langwierige kooperative Entscheidungsprozesse abzuwarten oder sogar die Verantwortung zu delegieren. Dann ist schnelles, entschlossenes und direktives Handeln gefordert.

Erhöhen Sie Ihre eigene Verhaltensbandbreite

An die Führungskraft stellt die situative Anpassung des Verhaltens hohe Anforderungen: Sie muss über eine erhebliche Verhaltensbandbreite und -flexibilität verfügen. Sie soll Einfühlungsvermögen besitzen, um sich auf wechselnde Gesprächspartner und deren Bedürfnisse einzustellen. Und sie muss ausreichend überzeugungs- und durchsetzungsfähig sein, um andere für die eigenen Ideen zu begeistern und damit verbindliche Entscheidungen herbeizuführen.

Die Balance der Verhaltensdimensionen

Vier Verhaltensdimensionen einer Führungskraft

Ob eine Führungskraft in der Lage ist, ihr Verhalten situativ auszurichten, spiegelt sich vor allem in der Balance zwischen vier Verhaltensdimensionen wider: Durchsetzungs- und Überzeugungskraft sowie Kooperations- und Einfühlungsvermögen.

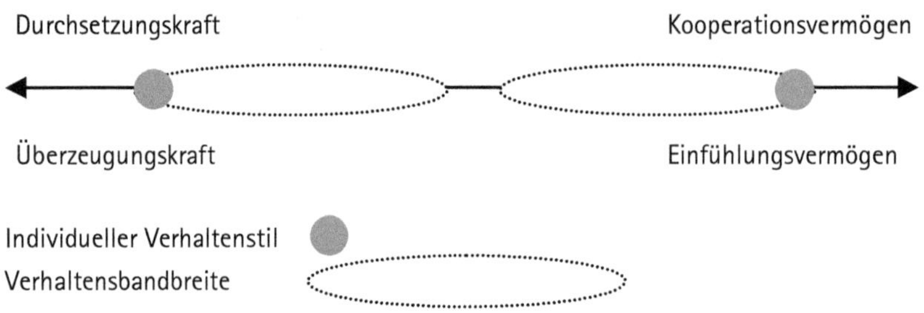

Kennzeichen der Überzeugungskraft

Personen mit einer hohen Überzeugungskraft verfügen über durchdachte Strategien, um andere von ihren Vorstellungen zu überzeugen. Dazu gehören eine klare und verständliche Argumentation sowie die Fähigkeit, prägnante Botschaften zu formulieren und die eigene Begeisterung für eine Sache im Gespräch zu transportieren. Menschen mit einer hohen Überzeugungskraft nehmen die Meinung anderer wahr und binden sie in die eigene Argumentation ein. Ihr ursprüngliches Ziel verlieren sie dabei nicht aus den Augen.

Wie Sie Durchsetzungskraft erkennen

Wer eine hohe Durchsetzungskraft besitzt, bekundet seine Meinung sehr selbstsicher und nachdrücklich. Auch bei Widerständen hält er daran fest. Er bringt den Arbeits- und Entscheidungsprozess eines Teams zielstrebig voran und bestimmt daher wesentlich dessen Ergebnis. Differenzen benennt er offen und riskiert dabei gegebenenfalls auch einen Konflikt. Kompromisse gehen diese Menschen nur dann ein, wenn sie vor dem Hintergrund eigener Interessen zielführend sind.

Worin sich Kooperationsvermögen zeigt

Kooperationsbereite Menschen zeigen Wertschätzung

Führungskräfte, die sich durch ein hohes Maß an Kooperationsbereitschaft auszeichnen, bringen deutlich ihre Wertschätzung gegenüber anderen zum Ausdruck. So können sie in der Regel schnell eine Vertrauensbasis herstellen, die für eine konfliktfreie Stimmung und ein gutes Arbeitsklima förderlich ist. Diese Personen hören aufmerksam zu und argumentieren stets sachbezogen. Sie beweisen Toleranz bei Meinungsverschiedenheiten und sind bereit, Kompromisse einzugehen.

Merkmale einfühlsamer Menschen

Personen mit einem hohen Maß an empathischem Verhalten sind in der Lage, schnell die Perspektive ihres Gegenübers einzunehmen, dessen Stimmungslage zu erkennen sowie sich auf ihn einzustellen. Sie stellen viele Fragen, um ihren Gesprächspartner zu öffnen und seinen gedanklichen Hintergrund zu erfassen. Darüber hinaus zeigen sie ein authentisches Interesse an Bedürfnissen, Wünschen und Meinungen anderer.

Passen Sie Ihr Verhalten situativ an

Verhaltensbandbreite ermöglicht situatives Führen

Situativ führen bedeutet, in Abhängigkeit von den jeweiligen Mitarbeitern, also deren Reifegrad, sowie von den vorherrschenden Situationsvariablen, d. h. der Organisationsstruktur, den Umweltbedingungen und strategischen Zielsetzungen, den passenden Führungsstil auszuwählen. Voraussetzung ist die Bereitschaft und die Fähigkeit, eine Verhaltensbandbreite an den Tag zu legen, die sowohl von Durchsetzungs- und Überzeugungsstärke gekennzeichnet ist, als auch kooperative und empathische Verhaltenstendenzen beinhaltet.

Die persönliche Verhaltensbandbreite ausbauen

Flexibilität lässt sich lernen

Schulen Sie die jeweiligen Kompetenzen regelmäßig. Dadurch erweitern Sie Ihr Verhaltensrepertoire.

Überzeugungskraft

- Formulieren und verfolgen Sie die eigenen Ziele in Diskussionen.
- Kontrollieren Sie die Ergebnisse und analysieren Sie Ihren Argumentationsstil.
- Trainieren Sie rhetorische Techniken, um Ihre sprachliche Überzeugungskraft zu fördern.

Durchsetzungsvermögen

- Reflektieren Sie Ihre Wirkung in Gruppenprozessen.
- Vermeiden Sie ein allzu ausgeprägtes Harmoniestreben und bauen Sie Ängste vor Konflikten ab.
- Setzen Sie sich klare Ziele und vertreten Sie diese selbstsicher, indem Sie die Offensivität im persönlichen Ausdruck verstärken.

Kooperationsvermögen

- Holen Sie von Kollegen, Mitarbeitern und Vorgesetzten regelmäßiges Feedback über Ihren Umgang mit verschiedenartigen Interessenlagen ein.
- Reflektieren Sie Ihr eigenes Verhalten in Gruppensituationen bezüglich des konstruktiven Umgangs mit Einwänden.
- Gehen Sie verstärkt und direkter auf andere zu und initiieren Sie gezielter Kontakte.

Einfühlungsvermögen

- Fordern Sie regelmäßig Rückmeldungen über Ihr eigenes Wirken im Interaktionskontext mit anderen ein.
- Versetzen Sie sich bewusst in die Lage der anderen.
- Nutzen Sie unterschiedliche Fragetechniken.

Der betriebliche Alltag bietet ausreichend Situationen, in denen sich Führungskräfte ausprobieren können. Wichtig dabei ist, die Wirkung des eigenen Verhaltens zu reflektieren und aktiv Rückmeldungen von außen einzuholen. Einstellungen wie „So bin ich eben“ oder „Das habe ich schon immer so gemacht“ gehören nicht zu den Erfolgsrezepten von Führungskräften.

Kienbaum Kompetenztest: Persönliche Verhaltenstendenz

Reflektieren Sie, welche der beschriebenen Verhaltenstendenzen bei Ihnen derzeit stärker ausgeprägt sind. Überlegen Sie auch, inwieweit Sie in der Lage sind, Ihren Verhaltensstil situativ anzupassen.

Kienbaum Kompetenztest: Bestimmen Sie Ihren Standort

Nehmen Sie sich bewusst Zeit, um eine persönliche Standortbestimmung Ihres eigenen Führungsverhaltens vorzunehmen und entsprechende Entwicklungsmaßnahmen abzuleiten. Stellen Sie sich dabei folgende zentrale Fragen:

Fragen zur Standortbestimmung:

- Bei welchen Aspekten und in welchen Bereichen sehe ich meine Stärken als Führungskraft?
- Bei welchen Aspekten und in welchen Bereichen sehe ich meine Schwächen als Führungskraft?
- Welche Stärken und Schwächen sehen meine Mitarbeiter?

Fragen zur Ableitung eines konkreten Entwicklungsplans:

- Welche konkreten Veränderungs- oder Vertiefungsmöglichkeiten sehe ich für mich persönlich?
- In welchen Situationen kann ich mein geändertes Verhalten in Zukunft einsetzen?
- Bis zu welchem Zeitpunkt möchte ich meine gesetzten Ziele erreicht haben?
- Mit welchen Widerständen ist bei den geplanten Veränderungen zu rechnen?
- Wie gehe ich konkret mit diesen Widerständen um?

Erfolgsrezepte weiblicher Führungskräfte

Es gibt bisher keine „weiblichen Führungstheorien“ oder Theorien, die geschlechtsspezifische Unterschiede berücksichtigen. Noch immer ist Führung in erster Linie ein Thema von, für und über Männer. Dennoch rückt die Frage, ob Frauen anders führen als Männer, mehr und mehr in den Mittelpunkt des Interesses der Führungspsychologie. Eine Folge der Tatsache, dass immer mehr Frauen erfolgreich in Führungspositionen agieren oder solche anstreben.

Zufriedene Mitarbeiter

Frauen in Führungspositionen wird mehr soziale Kompetenz zugeschrieben

Befragungen über weibliche Führungskräfte zeigen oft, dass die Mitarbeiter häufig sehr zufrieden sind. Hintergrund ist, dass weiblichen Führungskräften oft ein höheres Maß an sozialer Kompetenz zugeschrieben wird. Erfahrungen zeigen, dass bei Frauen in den unteren und mittleren Führungsebenen folgende Verhaltenstendenzen verstärkt auftreten:

- Sie signalisieren authentisches Interesse für ihre Mitarbeiter und deren Belange.
- Sie schätzen den Austausch mit ihren Mitarbeitern.
- Sie können sich in die Situation ihrer Mitarbeiter gut einfühlen.
- Sie erzeugen eine Atmosphäre der Gemeinsamkeit und des Wir-Gefühls in der Abteilung.
- Sie zeigen sich kompromissbereit und stellen sich hinter gemeinsam getroffene Entscheidungen.
- Sie signalisieren Wertschätzung und Anerkennung, loben mehr.
- Sie hören aufmerksam zu und haben ein offenes Ohr in Problemsituationen.
- Sie besitzen eine sensible Antenne für nonverbale Signale, z. B. bei Stimmungsschwankungen oder aufkommenden Konflikten.

Welche Unterschiede bestehen im Führungsverhalten?

Definition der Führungsrolle entscheidet

Die Ergebnisse von Analysen deuten – global gesehen – auf geringe Unterschiede hinsichtlich der Führungseffektivität und des Führungsverhaltens zwischen Männern und Frauen. Die Differenzen konzentrieren sich auf die jeweilige Betrachtung der Führungsrolle und die damit zusammenhängenden Erfordernisse und Erwartungen, die an die Führungsfunktion in der spezifischen Situation gestellt werden. Dabei zeigt sich, dass

- Männer erfolgreicher in solchen Führungspositionen sind, in denen die Führungsrolle sehr maskulin definiert wird. Das sind z. B. Jobs, in denen eine hohe Aufgabenkompetenz sowie die Fähigkeit, Mitarbeiter zu dirigieren und zu kontrollieren, erforderlich sind.
- Frauen erfolgreicher in Führungsrollen sind, die eher feminin definiert werden. Dazu gehören Jobs, die soziale Kompetenz im Sinne von Kooperation, Einfühlungsvermögen und gutem Auskommen mit anderen erfordern.

Erfolg auf allen Führungsebenen

Im Topmanagement können Frauen ebenso erfolgreich sein wie ihre männlichen Kollegen. Im mittleren Management dagegen dominieren die Frauen, da hier ein besonders hohes Maß an sozialem Geschick für den Führungserfolg ausschlaggebend ist. Mit den eher soften Verhaltensfacetten, die im mittleren Management gefragt sind, scheinen Frauen besonders gut in diese Führungsebene zu passen.

Frauen führen eher demokratisch und personenorientiert

Frauen führen tendenziell demokratischer und personenorientierter. Insbesondere bei der Steuerung interaktiver und gruppendynamischer Prozesse übernehmen sie eher die Führungsrolle als Männer. Maskuline Motivationsaspekte finden sich dagegen eher in starker Aufgaben- und Wettbewerbsorientierung.

Die Abgrenzung der Verhaltensfacetten zwischen weiblichen und männlichen Führungskräften gestaltet sich zunehmend fließend. Führungsrolle und -aufgaben verbunden mit den Erfordernissen und Erwartungen an Führungskräfte sind nicht statisch, sondern entwickeln sich mit den gesellschaftlichen und wirtschaftlichen Zwängen bzw. Trends.

Extra: Führen in Krisen und Veränderungsprozessen

Veränderungsprozesse oder gar Krisen, wie z. B. die Finanzkrise 2008/2009, führen zu großen Umwälzungen in Unternehmen. Veränderungsprozesse, die durch Krisen ausgelöst werden, können manchmal chaotisch ablaufen. Das geschieht beispielsweise, wenn die wirtschaftlichen Probleme so gravierend sind, dass extrem schnelles Reagieren gefragt ist, um einen wirtschaftlichen Kollaps des Unternehmens zu verhindern. Dieser ‚Worst Case' soll allerdings nicht im Vordergrund unserer Betrachtungen stehen. Denn er kommt selten vor und läuft dann in den meisten Fällen eher unstrukturiert ab. Wir wollen hier vor allem auf die – viel häufigeren – Veränderungsprozesse in Unternehmen eingehen, die aufgrund von Regelvorgängen durchgeführt werden, z. B.

- zur Organisation von Fusionen,
- als Reaktion auf das sich verändernde Marktumfeld oder
- zur Gestaltung einer Unternehmensnachfolge.

Im Folgenden stellen wir Ihnen einige psychologische Theorien und Mechanismen vor, deren Verständnis das Verhalten von Menschen in Veränderungsprozessen etwas nachvollziehbarer macht.

Gut gesteuerte Veränderungsprozesse überwinden Skepsis

Am Anfang steht meist die Skepsis

Die anfänglichen Reaktionen auf angekündigte Veränderungen sind, das sagt die Erfahrung, überwiegend skeptisch, abweisend und negativ eingefärbt. Das bedeutet nicht, dass die Wahrnehmung von Veränderungen im Verlauf des Veränderungsprozesses auch so bleiben muss. Ein gut gesteuerter Veränderungsprozess schafft es ganz sicher, viele Menschen mit einzubeziehen und womöglich sogar zu begeistern. Aber der Ausgangspunkt jedweder größeren Veränderung in einem Unternehmen ist zumeist von Skepsis seitens der Mitarbeiter (einschließlich des mittleren Managements) begleitet.

Die typischen Reaktionen bei Veränderungen

Nehmen wir einmal an, in einem fiktiven Unternehmen wird eine weitreichende Veränderung angekündigt, z. B. eine Fusion mit einem anderen Unternehmen. Die Ankündigung der Fusion wird allerdings nicht in professioneller Weise durch einen gesteuerten Change-Prozess begleitet, sondern, wie es häufig geschieht, nur verkündet oder bestenfalls vorab angekündigt. Wie werden die ersten, unmittelbaren Reaktionen der Mitarbeiterinnen und Mitarbeiter (inkl. des mittleren Managements) aussehen?

- *Voreingenommenheit*
  Die Mitarbeiter sind grundsätzlich skeptisch gegenüber der Fusion und sehen zunächst einmal Gefahren und mögliche negative Aspekte. Schon dieser ablenkende Vorgang kann zu einer unternehmensweiten schwächeren Arbeitsleistung führen.
- *Gerüchte*
  Das Unternehmen wird von Gerüchten und Spekulationen durchzogen. In den alltäglichen „Flur-Gesprächen" werden Worst-Case-Szenarien heraufbeschworen. Die Kommunikation seitens der Unternehmensleitung kann die Gerüchte nicht mehr stoppen.
- *Stressreaktionen*
  Die entstehende Nervosität führt zu Aggressivität, zu Rückzug und Verweigerung von Einzelnen oder ganzen Gruppen. Bei Personen, die sich direkt betroffen fühlen (durch befürchteten Jobverlust), können Kopfschmerzen, Schlaflosigkeit oder steigender Alkohol- und Zigarettenkonsum die Folge sein.
- *Gekappte Kommunikation*
  Die Emotionen schaukeln sich auf und es besteht nur noch ein stark eingeschränkter Kontakt zwischen Belegschaft und Entscheidern. In der Folge können die Ziele und der Fortgang der Fusion und die geplante Vorgehensweise nicht mehr transparent vermittelt werden.
- *Kontrollverlust*
  Die Mitarbeiter gewinnen kein Vertrauen darein, dass das Management über einen wirklichen Plan verfügt, der eine professionelle und schmerzfreie Umsetzung der Fusion ermöglicht. Stattdessen sehen sie sich in einer zunehmend hilflosen Position und

verlieren das Bewusstsein dafür, in irgendeiner Weise Einfluss nehmen zu können.

Ursachen der Abwehrreaktionen und wie Sie darauf reagieren können

Es gibt ganz bestimmte Mechanismen, die allein oder im Zusammenspiel psychologisch für die oben genannten (verständlichen) Reaktionen verantwortlich sind. Die wichtigsten Elemente stellen wir Ihnen hier vor.

Ursache 1: Mangelnde Risikobereitschaft

Ein erster Aspekt ist der persönliche Umgang mit Risiko. Einem Risiko ausgesetzt zu sein, bedeutet hier die Möglichkeit eines Verlusts. Eine größere Veränderung beinhaltet unweigerlich ein gewisses Risiko. Im Normalfall scheuen Menschen aber das Risiko. Und so wird es auf der Betriebsversammlung eines Unternehmens (sogar in den Boomjahren vor der Finanzkrise 2005 bis 2008) nur selten anlässlich der Vorstellung einer neuen Unternehmensstrategie Hurraschreie gegeben haben – selbst oder vielleicht gerade nicht im Management. Sogar Unternehmensberater (wie die Autoren), die ja per definitionem „flexibel“ und „risikobereit“ zu sein haben, schauen im Arbeitsalltag, z. B. bei einer im eigenen Unternehmen angekündigten Veränderung, auch erst einmal skeptisch auf das, was da denn kommen möge.

Angst vor Verlusten fördert die Risikobereitschaft

Die sogenannte „Prospect Theory“ von Daniel Kahneman und Amos Tversky, für die Kahneman im Jahr 2002 den Nobelpreis für Wirtschaftswissenschaften verliehen bekam (Amos Tversky ist bereits 1996 verstorben), trifft zu diesem Thema klare Aussagen: Menschen scheuen nicht das Risiko, sie scheuen Verluste. Menschen sind also nur so lange risikoscheu, wie sie etwas zu bewahren haben. Dagegen sind sie typischerweise äußerst risikobereit, sobald sie sich in einer Position befinden, in der sie ganz akute Verluste erleiden können und/oder die Chance sehen, einen absehbaren Verlust durch einen hohen und riskanten Einsatz abzuwenden. Personen, die beim

Pokern bereits viel Geld verloren haben, setzen bisweilen „alles auf eine Karte", anstatt den Verlust zu minimieren, und verlieren dann im Endeffekt noch mehr.

Besitzstandswahrung

In Change-Prozessen sind zumeist solche Mitarbeiter und Führungskräfte besonders risikoscheu, die den größten Besitzstand zu wahren haben. Vielleicht ist Ihnen auch schon einmal der Begriff „Lähmschicht" begegnet: Gemeint ist damit die mittlere Führungsebene. Gerade diese Führungsebene befürchtet am stärksten, Verluste zu erleiden: Sie ist bereits erfahren und zumeist im mittleren Alter (besitzt Haus, Familie usw.). So neigt sie dazu, Veränderungsprozesse besonders verbissen zu bekämpfen.

Kienbaum-Expertentipp: Risikobereitschaft steigern

Was lehrt uns die „Prospect Theory" für die Gestaltung eines Veränderungsprozesses? Wie kann man die Risikobereitschaft einer Gruppe von Menschen – im positiven Sinne – steigern? Antwort: Indem man auch diese Menschen in eine Position bringt, die, sofern sie nicht handeln, einen Verlust mit sich bringt. Wenn z. B. der Rückweg in alte, überkommene Strukturen verbaut und damit bereits ein „Verlust" der alten, bequemen Strukturen und Systeme eingetreten ist, wird der Blick frei auf die positiven Aspekte der Veränderung. Aus der antiken Kriegsführung sind Geschichten überliefert, nach denen Feldherren sogar Brücken hinter sich abreißen ließen – zur Steigerung der Risikobereitschaft der eigenen Truppe. Die einzige Möglichkeit war in diesem Falle, die Flucht nach vorn anzutreten.

Ursache 2: Angst vor dem Kontrollverlust

Menschen scheuen zwar das Risiko, aber nichts fürchten sie so sehr wie den Kontrollverlust. Kontrollverlust geht nämlich einher mit der Empfindung, nicht mehr Herr seines eigenen Schicksals zu sein. In Hollywoodfilmen wird dieses Motiv beispielsweise durch einen riesigen Asteroiden in Szene gesetzt, der auf die Erde zurast und diese mit ziemlicher Sicherheit bald zerstören wird. Die Menschen wissen, dass sie ihrem Schicksal nicht mehr entgehen können: Sie geraten zunächst in Panik und versuchen hektisch, Gegenmaßnahmen einzuleiten (was im Katastrophenfilm in der Regel nicht gelingt), um dann in Resignation zu verfallen und sich dem Schicksal zu fügen. Während in Hollywoodfilmen also sehr theatralisch die Apokalypse für den Kontrollverlust sorgt, erleben wir im Alltag einen Kontrollverlust als die subjektive Unmöglichkeit, den Gang der Dinge (noch) zu beeinflussen. Würden wir z. B. beim Autofahren plötzlich bemerken, dass die Bremsen versagen und der Wagen vor einem auftauchenden Hindernis nicht mehr zu stoppen ist, so empfänden wir in den wenigen Sekunden vor dem (hoffentlich harmlosen) Crash einen extrem starken Kontrollverlust: Was wir auch tun, der drohende Unfall ist nicht mehr abzuwenden. Diese wenigen Sekunden sind vom blanken Entsetzen erfüllt!

Drohender Kontrollverlust ruft negative Empfindungen auf

Das Empfinden eines Kontrollverlustes kann jedoch ebenso in Situationen des normalen Berufsalltags auftreten. Das ist vor allem dann der Fall, wenn Menschen unter dem Eindruck stehen, ihre Handlungen würden nur selten zum gewünschten Resultat führen. So kann eine schlechte Führungskraft z. B. durch wiederholte und vernichtende Kritik an der Arbeitsleistung eines Mitarbeiters bei diesem das Gefühl eines Kontrollverlusts erzeugen. Zunächst löst dieses Verhalten bei dem betroffenen Mitarbeiter Angst aus, dann Panik (vor der nächsten Arbeitsanweisung) und schließlich Resignation („egal was ich mache, es hilft ja doch nichts"). Hätte man als Führungskraft tatsächlich einen bösen Willen, dann könnte man auf diese Weise einen Mitarbeiter bewusst in den Zustand der sogenannten „gelernten Hilflosigkeit" bringen. Irgendwann hat dieser Mitarbeiter endgültig gelernt, dass alles, was er macht, falsch ist und niemals Erfolg nach sich ziehen wird.

Die natürliche, anfängliche Reaktion auf einen drohenden Kontrollverlust ist aber zunächst hektische Betriebsamkeit: Man versucht, die Kontrolle wiederzugewinnen oder zu behalten. Grundsätzlich führt jedenfalls schon die Befürchtung des Kontrollverlustes (z. B. bei der Ankündigung einer weitreichenden Veränderung im Unternehmen) zunächst einmal zu Skepsis oder Misstrauen.

Kienbaum-Expertentipp: Möglichkeit der Mitwirkung geben

In gut gesteuerten Change-Prozessen wird den Mitarbeiterinnen und Mitarbeitern, neben umfassender Information, die Möglichkeit der Mitwirkung gegeben – auf Abteilungs- und Bereichsebene, z. T. auch in großen Betriebsversammlungen. Die Beteiligung der Mitarbeiterschaft – je intensiver desto besser – arbeitet dem Empfinden des Kontrollverlustes entgegen.

Ursache 3: Reaktanzempfinden

Reaktanz – die Handlungsfreiheit wiedergewinnen

Die sogenannte Reaktanz ist ein ganz mächtiger Faktor, wenn es um den Widerstand gegenüber Veränderungen geht. Die Reaktanztheorie geht davon aus, dass Menschen, die sich in ihrer Wahl- oder Handlungsfreiheit eingeschränkt sehen, versuchen werden, diese Freiheit zurückzugewinnen (siehe auch Kapitel 5.2). Hier geht es allerdings weniger um den philosophischen Freiheitsbegriff als um die im Alltag wahrgenommene Freiheit, Dinge zu tun (oder zu lassen), Chancen zu ergreifen oder an bestimmten Vorgängen mitzuwirken. Wenn Menschen im Unternehmenskontext Reaktanz zeigen, entwickeln sie typischerweise Verhaltensweisen wie „Dienst nach Vorschrift“, „Schlechtreden hinter dem Rücken eines Vorgesetzten“ – oder sie werden schlicht krank.

In Veränderungsprozessen müssen es noch nicht einmal die Veränderungen selbst sein, die zu Reaktanz führen. Häufig sind es die Prozesse im Vorfeld, die sie hervorrufen:

- mangelnde Mitbestimmung,
- unzureichende Information,
- fehlende Transparenz – auch im Hinblick auf die Zukunft des Unternehmens.

Menschen, die das eigenverantwortliche Entscheiden gewöhnt sind und plötzlich ignoriert werden oder sich übergangen fühlen, geraten in mangelhaft gesteuerten Veränderungsprozessen sehr schnell in einen Zustand der Reaktanz. Dann wird sich selbst der ansonsten flexibelste und engagierteste Mitarbeiter irgendwann (bildlich gesprochen) mit verschränkten Armen vor seinen Schreibtisch setzen und sagen: „ab jetzt nur noch Dienst nach Vorschrift. Die werden schon sehen, was sie davon haben …“

Dass das (bildliche) Verschränken der Arme den mangelhaften Einbezug in den Veränderungsprozess (der letztlich die Reaktanz auslöste) nicht ungeschehen machen wird, ist diesem Mitarbeiter sehr wohl klar. Aber es geht bei der Reaktanz eben weniger um die „objektive“ als um die „subjektiv empfundene“ Freiheit. Der „Dienst nach Vorschrift“ führt hier zu dem subjektiven Empfinden, sich ein Stück Freiheit zurückzuholen.

Kienbaum-Expertentipp: Reaktanz vermeiden und auffangen

Reaktanz entsteht, wenn sich Menschen in ihrer subjektiven Wahlfreiheit eingeengt sehen. Natürlich führt nicht jede Beschneidung der Wahlfreiheit zu Reaktanz (sonst müsste jeder Arbeitsauftrag eines Vorgesetzten entsprechende Reaktionen hervorrufen).

In Veränderungsprozessen kann es aber leicht dazu kommen, dass sich Menschen nicht ernst genommen fühlen, wenn ihnen etwa Rechte genommen werden, ihnen aber die Notwendigkeiten dafür nicht befriedigend kommuniziert und sie einfach vor vollendete Tatsachen gestellt werden.

Diese typischen Change-Fehler führen todsicher zu Widerstand, lassen sich aber durch Kommunikation und Partizipation zumeist auffangen. Menschen fügen sich fast immer in das Unvermeidliche – wenn man es ihnen vernünftig erklärt!

Überblick: Verhaltenstypen in Veränderungsprozessen

Verhaltenstypologie: Mitarbeiter einschätzen

Die bloße Kenntnis psychologischer Wirkmechanismen erlaubt es leider noch nicht, wirklich valide Prognosen zu erstellen, welcher Mitarbeiter auf welche Weise reagieren wird. Betrachtet man auf einer recht globalen Ebene die Verhaltenslandkarte der einzelnen Mitarbeiterinnen und Mitarbeiter, so ergeben sich jedoch häufig typische Verhaltensmuster in Veränderungsprozessen: Sie folgen einer bestimmten *Typologie*. Und diese Muster treten auch dann auf, wenn man in einem Veränderungsprozess – im klassischen Sinn von Change-Management – alles richtig macht. Im Sinne dieser Typologie können wir einerseits unterscheiden, ob Mitarbeiter sich passiv oder aktiv zeigen, und andererseits, ob sie (aus welchen Gründen auch immer) der Veränderung positiv oder negativ gegenüberstehen (oder ob sie sich neutral positionieren). Die verschiedenen Typen sind in der folgenden Übersicht zusammengestellt.

	Für Veränderung	Nicht festgelegt	Gegen Veränderung
Aktives Verhalten	**Innovatoren** **Veränderungs-agenten**	**distanziert** **engagiert**	**Boykotteure** **Dogmatiker**
Passives Verhalten	**Assistenten** **Produzenten**	**„träge Masse"** **Mitläufer**	**Skeptiker** **'Kopf in den Sand'**

Einstellungen der Mitarbeiter gegenüber dem Veränderungsprozess

Innovatoren und *Veränderungsagenten* sind Mitarbeiter, die grundsätzlich für die Veränderung sind. Sie unterstützen den Veränderungsprozess durch Eigeninitiative und können andere motivieren, ebenfalls mitzumachen. Diese Mitarbeiter sollte man aktiv in den Prozess einbeziehen und nicht über der Konzentration auf die Unwilligen vergessen.

Innovatoren aktiv einbeziehen

Assistenten und *Produzenten* sind Mitarbeiter, die ebenfalls positiv gegenüber der Veränderung eingestellt sind. Sie sind wertvolle Helfer, werden aber nicht ohne Anleitung und Auftrag aktiv. Es gilt also, diese Personen mithilfe sinnvoller Aufgaben einzubeziehen.

Assistenten als Helfer nutzen

Boykotteure und *Dogmatiker* sind diejenigen, die sich gegen die geplanten Veränderungsprozesse stellen. Sie nutzen die ihnen eigenen Möglichkeiten (z. B. Vernetzung, informelle oder formelle Macht), um Veränderungen zu behindern. Damit gefährden sie den Prozess. Es ist daher äußerst wichtig, sie von Beginn an explizit einzubinden und das offene Gespräch mit ihnen zu suchen. Wenn man dies versäumt, wird verstärkt Reaktanz entstehen und man hat es mit aggressiven Gegnern zu tun.

Boykotteure einbinden

Skeptiker sind auch gegen den Veränderungsprozess. Sie versuchen allerdings nicht, diesen aktiv zu behindern, sondern „stecken eher den Kopf in den Sand". Skeptische Mitarbeiter sollten möglichst offen informiert werden. Sie brauchen enge Zielsetzungen, um aktiv

Skeptiker informieren

am Prozess teilnehmen zu können. Ohne enge Zielsetzungen werden sie unwillig und „gehen von der Fahne“.

Mitläufer motivieren

Träge Masse und *Mitläufer* sind diejenigen Mitarbeiter, die nicht über den Veränderungsprozess nachdenken. Sie benötigen kontinuierliche Motivation und enge Zielsetzungen, um ihre Mitarbeit zu gewährleisten.

Distanzierte Mitarbeiter überzeugen

Distanziert-engagierte Mitarbeiter sind in ihrer Einstellung gegenüber dem Veränderungsprozess noch nicht festgelegt. Sie arbeiten zeitweise aktiv mit, distanzieren sich manchmal aber auch von dem Geschehen. Durch Gespräche und transparente Information können auch aus diesen Mitarbeitern überzeugte Innovatoren werden.

Unterschiedliche Vorgehensweisen für unterschiedliche Typen

In Change-Prozessen kann es wichtig sein, sich für die unterschiedlichen Gruppen bzw. Typen jeweils eigene Vorgehensweisen zu überlegen. Zunächst ist es aber nötig, sich über die Einordnung der einzelnen Personen in das Typenraster klar zu werden. Bei Change-Prozessen in großen Unternehmen ist dies natürlich schwierig, zumindest auf individueller Ebene. Findet aber eine Veränderung z. B. auf Abteilungs- oder Bereichsebene statt oder in einem Unternehmen überschaubarer Größe (bei einer Mitarbeiterschaft von bis zu 100 Personen), ist diese Einordnung durchaus möglich.

Wie Sie Veränderungsprozesse erfolgreich vermitteln

Akzeptanz als Grundlage des Change-Prozesses

Welches Resümee können wir aus den psychologischen Wirkmechanismen sowie den in einem Veränderungsprozess immer wieder identifizierbaren „Verhaltenstypen“ ziehen? Veränderungsprojekte können letztlich nur dann erfolgreich umgesetzt werden, wenn alle Beteiligten „an einem Strang ziehen“. Daher ist die Einstellung der Betroffenen (des Managements wie auch der Mitarbeiterinnen und Mitarbeiter) gegenüber der Veränderung, also die Akzeptanz des Change-Projektes, ein besonders kritischer Aspekt im Change-Prozess. Neben den motivierten Mitarbeitern, die aktiv an der Veränderung mitarbeiten, finden sich (aus unterschiedlichsten Gründen) fast immer auch Boykotteure, Skeptiker oder einfach nur viele Personen, die als „träge Masse“ den Veränderungsprozess behindern können – oder aber auch befördern. Sollten Sie selbst als Führungskraft also ein kleines oder großes Veränderungsprojekt gestalten, dann beherzigen Sie die folgenden Aspekte:

Kienbaum-Expertentipp: Veränderungen aktiv und positiv gestalten

- Schaffen Sie Vertrauen und nehmen Sie Ihren Mitarbeitern die Angst vor der Veränderung.
- Informieren Sie offen und transparent und bieten Sie Ihren Mitarbeitern Mitgestaltungsmöglichkeiten.
- Realisieren Sie mögliche Konsequenzen der Veränderung und verdeutlichen Sie diese auch Ihren Mitarbeitern.
- Akzeptieren Sie Kritik an den Veränderungen und nehmen Sie sie nicht persönlich.
- Hören Sie Ihren Mitarbeitern zu und fördern Sie den Dialog über mögliche Schwierigkeiten im Veränderungsprozess.
- Formulieren Sie die Strategie und die daraus abgeleiteten Zwischenziele unmissverständlich.
- Entwickeln Sie ein realisierbares Konzept und gehen Sie systematisch vor.
- Setzten Sie keine zu engen Zeitrahmen.
- Achten Sie darauf, dass geplante Maßnahmen zeitnah umgesetzt werden und nicht im Sande verlaufen.
- Geben Sie konstruktives Feedback, wenn Veränderungsmaßnahmen erprobt werden.
- Beugen Sie Konflikten und Widerstand vor, indem Sie zum Beispiel „Rädelsführer“ einbinden.
- Ziehen Sie sich nicht bei den ersten Schwierigkeiten zurück. Versuchen Sie, den gewählten Kurs weiterzuverfolgen und aus Fehlern Konsequenzen zur Verbesserung des weiteren Vorgehens zu ziehen.

2 Menschen einschätzen können

Im Rahmen der Personalarbeit oder der Führungstätigkeit ist die Personalauswahl wohl die klassische Situation, in der Menschen eingeschätzt werden sollen. Es gibt dafür verschiedene Verfahren, die vom Interview bis zum Assessment-Center reichen. Aufgrund der gewonnenen Eindrücke soll entschieden werden, ob der Bewerber oder die Bewerberin zum Unternehmen passt oder nicht. Als schwierig, aber interessant erweist sich hierbei häufig, die Persönlichkeit und die so genannten Soft Skills einzuschätzen. Fachliche Aspekte sind dagegen einfacher zu ermitteln und führen eher selten zu Unsicherheit in der Beurteilung.

2.1 Was bedeutet Menschenkenntnis im Beruf?

Es gibt Menschen, die behaupten steif und fest, sie seien in der Lage, das Wesen eines Menschen bereits nach wenigen Minuten der Beobachtung vollständig zu erkennen. Aus Mimik, Gestik und Körpersprache ließe sich, so sagen sie, sehr schnell alles Wichtige über die wahre Person schließen.

Eine der Grundfragen der Psychologie: Wie ist menschliches Verhalten einzuschätzen?

Allerdings sprechen alle Erkenntnisse der Psychologie gegen diese Menschenkenner. Die Problematik, wie menschliches Verhalten einzuschätzen ist und vor allem ob sich dieses oder ein anderes Verhalten auch in der Zukunft zeigen wird, ist eine der Grundfragen der gesamten Psychologie. Würde ein findiger Kopf hier eine allgemein gültige und einfache Lösung finden: Der Nobelpreis wäre ihm sicher.

Hinzu kommt, dass im Wahrnehmungsprozess eine ganze Reihe unbewusster Faktoren eine große Rolle spielen, die ein objektives Urteil über einen Kandidaten erschweren. Wer die Einschätzung von Menschen zu seinen Aufgaben zählt, sollte sich über die verschiedenen Mechanismen klar werden, die die Erinnerung täuschen, die Wahrnehmung verzerren und Schlussfolgerungen trügerisch machen.

Erst Informationen sammeln, dann urteilen

Wenn es darum geht, Menschen einzuschätzen, besteht der erste Schritt darin, Informationen über Verhaltensweisen des Bewerbers oder Mitarbeiter zu sammeln. Gerade in Einstellungsverfahren stellt dieser Punkt ein Problem dar. Bestimmte Verhaltensweisen, wie z. B. Eloquenz oder Nervosität, lassen sich im Gespräch vielleicht noch beobachten, vieles andere aber muss erfragt werden. Menschenkenntnis im betrieblichen Umfeld bezieht sich damit auf Techniken der Informationssuche. Im zweiten Schritt gilt es, die gewonnenen Informationen so zu verknüpfen, dass daraus eine sinnvolle Verhaltensprognose entsteht.

Menschenkenntnis im Beruf bezieht sich auf Techniken der Informationssuche

Kienbaum Expertentipp: Menschenkenntnis im Beruf

Im betrieblichen Umfeld ein Menschenkenner zu sein heißt, über treffende Arten der Informationssammlung und Informationsbewertung zu verfügen.

Was wollen Sie wissen?

Zunächst einmal ist entscheidend, wonach überhaupt im Gespräch gesucht werden soll, also das Was. Damit sind in der Regel die Kompetenzen bzw. die Soft Skills oder Persönlichkeitsmerkmale gemeint, die als relevant für den Job gelten. Darunter fallen u. a. Aspekte wie Gewissenhaftigkeit, Durchsetzungsstärke, Teamfähigkeit, Konfliktfähigkeit und Verhandlungsgeschick.

Mit professioneller Methodik zum Ziel

Der Interviewer sollte nicht nur über eine klare Vorstellung darüber verfügen, was er genau erfahren will. Er muss zudem noch über geeignete Beobachtungsmethoden und Gesprächstechniken verfügen, um den Bewerber auch dazu zu bringen, ihm diese Informationen auch zu liefern (s. Seite 99).

Warum es nicht auf den ersten Eindruck ankommt

Bei Laien ist der Prozess der ersten Urteilsbildung über eine Person tatsächlich oft schon nach wenigen Minuten abgeschlossen. Im Alltag ist dies auch sicherlich sinnvoll, schließlich wollen und können Menschen nicht den ganzen Tag mit Persönlichkeitsdiagnostik verbringen. Problematischer ist, dass auch im betrieblichen Umfeld, z. B. im Rahmen eines Einstellungsprozesses, das Urteil über einen Kandidaten ähnlich schnell gebildet wird.

Welche Merkmale sind relevant?

Weitreichende Urteile über andere sind schnell gefasst

Genauere Untersuchungen der Faktoren, aufgrund derer die Führungskraft ihr Urteil über einen Bewerber fällt, zeigen, dass oft erschütternd einfache Aspekte ausschlaggebend sind. Jemand habe bei der Begrüßung feuchte Hände und einen schlaffen Händedruck gehabt, er schaue seinem Gesprächspartner nicht in die Augen und seine Krawatte sitze schlecht, ist dann zu hören. Das sind sicherlich Merkmale, die etwas über die zu beurteilende Person aussagen. Aber sie sind kaum dazu geeignet, die Frage zu beantworten, ob sich die betreffende Person im beruflichen Alltag bewähren wird.

Faktoren hängen von der Tätigkeit ab

Die ersten Eindrücke sind nicht unbedingt richtig

Natürlich ist es manchmal sinnvoll, bestimmte Aspekte als K.-o.-Kriterien zu verwenden. Von einem zukünftigen Mitarbeiter im Vertriebsaußendienst kann man anderes erwarten als einen schlaffen Händedruck, eine schlecht sitzende Krawatte und unsicheren Blickkontakt. Hier ist keine besondere Methodik und Menschenkenntnis notwendig, um sagen zu können, dass der Kandidat für den Posten nicht geeignet ist. Das liegt aber daran, dass die genannten Kriterien direkt mit der Tätigkeit im Vertrieb zusammenhängen. Gutes Auftreten ist dabei entscheidend. Aber was sagt ein schlaffer Händedruck über einen künftigen Ingenieur oder eine künftige Innendienstmitarbeiterin aus?

Umfangreiche Forschungen haben gezeigt, dass bei schnell gewonnenen Eindrücken lediglich die subjektive Sicherheit der Beurteiler über die Persönlichkeit der beurteilten Menschen sehr hoch ist. Die tatsächliche Prognosekraft dieser aus dem Stand heraus gewonnenen

Eindrücke ist dagegen gering, von wirklicher Kenntnis kann hier kaum die Rede sein.

Widersprechende Hinweise werden ausgeblendet

Die Ad-hoc-Eindrücke bringen eine weitere Gefahr mit sich: Je höher die subjektive Sicherheit eines Beurteilers ist, desto eher werden Informationen, die diesem ersten Eindruck, der ja womöglich falsch ist, widersprechen könnten, zurückgewiesen. So auch bei den angesprochenen Menschenkennern: Haben sie erst einmal eine Meinung über jemand anderes gefasst, nehmen sie bestätigende Informationen gern wahr, während sie widerlegende Informationen eher ausblenden oder sogar als Bestätigung für ihre eigene Ansicht uminterpretieren.

Gefährliches Schubladendenken

Es ist sinnvoll, gegenüber solchen Menschen zumindest skeptisch zu bleiben. Häufig verbirgt sich hinter dieser scheinbaren Fähigkeit zur Menschenkenntnis nur die Tendenz, andere Personen aufgrund weniger Informationen in eine Schublade zu stecken und die einmal gefasste Auffassung durch selektive Informationsaufnahme immer wieder zu bestätigen.

Beispiel: Schubladendenken

Eine Mitarbeiterin, die bei einem solchen Menschenkenner - ihrer Führungskraft - in Ungnade gefallen ist, liefert eine tadellose Projektarbeit ab. In den Augen ihres Vorgesetzten spricht diese Leistung aber nicht etwa für die fachliche Kompetenz der Mitarbeiterin, sondern dafür, dass sie schnell in den Urlaub will. Hätte die Kollegin ein schlecht ausgearbeitetes Projekt abgeliefert, wäre dies für die Führungskraft ein Beleg für ihre mangelnde Qualifikation gewesen.

Die Mitarbeiterin hat also keine Chance, der negativen Bewertung durch ihren Chef zu entkommen.

Verhalten vorhersagen

Die Personaldiagnostik beschäftigt sich ganz allgemein mit dem aktuellen und zukünftigen Verhalten im betrieblichen Kontext. So soll z. B. beurteilt werden, wie Mitarbeiter in Konflikten reagieren oder wie sie mit Misserfolgen umgehen. Solche Einschätzungen

hinsichtlich des Verhaltens oder der Persönlichkeit sind durchaus als originäre Führungsaufgaben zu bezeichnen.
Unter psychologischer Perspektive wird der Schluss von aktuellem Verhalten auf zukünftiges Verhalten folgendermaßen getätigt:

Induktionsschluss: Vergangenes Verhalten in die Zukunft projizieren

Beim Induktionsschluss beobachtet die Führungskraft ein bestimmtes Verhalten bei einem Mitarbeiter oder kennt es bei ihm bereits aus der Vergangenheit. Sie schlussfolgert, dass sich der Mitarbeiter auch in Zukunft ebenso verhalten wird.

Beispiel: Induktionsschluss

Eine Kandidatin hat im bisherigen Berufsleben sehr viel Zeit in die eigene Weiterbildung investiert. Die Führungskraft nimmt daher an, dass sie dies auch in Zukunft tun wird.

Erfahrung spricht in vielen Fällen für den Induktionsschluss

Die Erfahrung spricht in vielen Fällen für diese Art der Schlussfolgerung. Der häufig zitierte Satz, nichts sage das Verhalten in der Zukunft so gut vorher wie das in der Vergangenheit gezeigte Verhalten, ist sicherlich nicht unberechtigt. Von einem Mitarbeiter, der in Konflikten schon mehrfach aufbrausend und impulsiv reagiert hat, erwartet man auch in Zukunft nichts anderes.

Analogieschluss: Übertragung auf ähnliche Situationen

Wenn eine Führungskraft ein Merkmal oder einen Sachverhalt, den sie an einer Person oder in einer bestimmten Situation beobachtet hat, auf eine andere Person oder einen Sachverhalt überträgt, die ähnlich sind, spricht man von einem Analogieschluss.

Beispiel: Analogieschluss

Im Einstellungsverfahren beobachtet die Führungskraft bei der Kandidatin eine präzise und lebendige Ausdrucksweise. Sie führt dies darauf zurück, dass die sprachliche Gewandtheit eine zugrunde liegende Eigenschaft sei, und schließt daraus, dass die Bewerberin auch in anderen Situationen, z. B. in Verhandlungsgesprächen diese sprachliche Eloquenz aufweisen wird.

Verallgemeinerung: Übertragung auf andere Bereiche

Eine Verallgemeinerung liegt dann vor, wenn eine Person ein beobachtetes Verhalten in einem bestimmten Punkt auf andere Bereiche überträgt.

Beispiel: Verallgemeinerung

Eine Kollegin geht bei der Gestaltung von Präsentationen äußerst akkurat vor. Ihre Führungskraft schließt daraus, dass sie dieses sorgfältige Verhalten auch bei anderen Aufgaben, z. B. beim Verfassen von Briefen, Listen oder der Vereinbarung von Termine, an den Tag legt.

Schlussfolgerungen erfolgen unbewusst

Auf Basis dieser drei genannten Arten der Schlussfolgerungen erfolgt in Auswahlverfahren (seitens des Beurteilers unbewusst) die Prognose für das künftige Verhalten. So hört der Interviewer im Einstellungsgespräch, auf welche bestimmte Art der Kandidat mit Konflikten umgeht und schlussfolgert daraus, dass sein Gegenüber konfliktfähig ist (s. Seite 15). Er nimmt zudem an, dass dieser sich auch in Zukunft so verhalten wird. Oder eine Kandidatin erscheint zum Einstellungsinterview mit geschmackvoller Garderobe – und der Personaler schließt daraus, dass sie sich auch künftig so verhalten wird. Auch im negativen Sinne erfolgen solche Urteile: Wer bei der Begrüßung einen schlaffen, feuchten Händedruck bemerkt, führt das womöglich auf mangelnde Durchsetzungsstärke zurück und lässt den Kandidaten im Geiste bereits durchfallen. Der letzte Schluss ist deshalb problematisch, weil der Zusammenhang zwischen einem schlaffen Händedruck und mangelnder Durchsetzungsstärke eine typische Alltagstheorie darstellt. Es gibt aber keinerlei empirische Erkenntnisse, die diese Ansicht stützen.

Merkmale müssen keinen Prognosewert haben

Eine solche Art der Schlussfolgerung wird auch als der Gebrauch impliziter Persönlichkeitstheorien bezeichnet. Wer den schlaffen Händedruck mit einem wenig durchsetzungsfähigen Wesen des Kandidaten verknüpft, stellt einen Zusammenhang zwischen Verhalten und Persönlichkeit her. Das Urteil steht und fällt dann mit dem Wert einer solchen Verknüpfung. Ist der behauptete Zusammenhang unsinnig, sind auch die darauf fußenden Vorhersagen unsinnig.

Kienbaum Expertentipp: Ad-hoc-Beurteilungen

In manchen Unternehmen gehört es sogar zur Kultur, einen festen Händedruck zu zeigen und einen stechenden Blickkontakt aufzunehmen, wenn man sich vorstellt. Auch Bewerbungsratgeber bearbeiten das Thema Begrüßungsrituale lang und breit, sodass jeder Buchhalter mittlerweile über einen schraubstockartigen Händedruck verfügt.

Mit Persönlichkeit hat ein solches Verhalten dann allerdings nichts mehr zu tun. Dieses Merkmal hat keinen diagnostischen Wert - abgesehen davon, dass es sich unangenehm anfühlt.

2.2 Den Ist-Zustand erfassen

Zu Beginn gilt es, den Ist-Zustand zu erfassen. Erst im nächsten Schritt geht es dann um die Frage, wie die erfassten Informationen zu bewerten sind. Im betrieblichen Kontext erfolgt der erste Kontakt zu einem neuen Mitarbeiter über den Prozess der Personalauswahl. Üblicherweise gibt es Unterlagen, die im Vorfeld eines ersten Gespräches gesichtet wurden, oder man hat etwas über den Bewerber berichtet bekommen, wenn er sich z. B. aufgrund einer Empfehlung vorstellt. Es ist nicht zu vermeiden, dass Sie wegen dieser ersten Informationen gewisse Vorannahmen über die Person entwickeln. Sie erwarten z. B. aufgrund des Bildungsganges einen sehr zielstrebigen Kandidaten oder Sie vermuten einen eher konservativ veranlagten Bewerber, weil er Mitglied einer Burschenschaft war.

Vorannahmen zu bilden ist zunächst weder gut noch schlecht

Kienbaum Expertentipp: Umgang mit Vorannahmen

Vorannahmen sind normal und charakterisieren den Vorgang der menschlichen Informationsverarbeitung. Wichtig ist, dass Sie sich ihrer bewusst sind und sie nicht starr treffen. Ihre weitere Informationsaufnahme darf dadurch nicht beeinträchtigt werden.

Im Folgenden sollen Ihnen zwei Theorien vorgestellt werden, die beschreiben, wie die Wahrnehmung durch Vorannahmen und Erwartungshaltungen beeinflusst wird: die Gating-Theorie und die Dissonanztheorie.

Die Gating-Theorie

Die Gating-Theorie beschreibt, wie Erwartungshaltungen dazu führen können, dass in der Phase der Informationsaufnahme bestimmte Informationen bereitwilliger zur Kenntnis genommen werden als andere.
Die Gating-Theorie geht davon aus, dass die Informationsverarbeitung durch die bestehenden Erwartungshaltungen beeinflusst wird. Je nachdem, welche Erwartungen gegenüber einer zu beurteilenden Person oder einem Objekt bestehen, werden bestimmte Informationen vorselektiert, d. h., sie werden bereitwilliger wahrgenommen.

Das Stufenmodell der Wahrnehmung

Selektive Wahrnehmung bzw. selektive Aufmerksamkeit

Weiterer Bestandteil der Gating-Theorie ist ein Stufenmodell der Wahrnehmung.

1. Zunächst kategorisieren Menschen das zu beurteilende Objekt – im ungünstigsten Fall aufgrund eines Stereotyps.
2. Alle weiteren Informationen, die sie aufnehmen, überprüfen sie dahingehend, inwiefern sie zur ursprünglichen Kategorisierung passen.
3. Die Kategorisierung wird abgeschlossen und gegen weitere womöglich widersprüchliche Informationen geschützt bzw. abgeschottet.

Vorurteile führen zu selektiver Wahrnehmung

Wenn eine Führungskraft einen Bewerber im Einstellungsinterview sehr früh und aufgrund eines vergleichsweise starken Vorurteils einer Kategorie zugeordnet hat, z. B. wenig durchsetzungsstark, schüchtern o. Ä., sucht sie gar nicht erst nach Hinweisen, die dies eventuell widerlegen könnten. Sie nimmt im Gegenteil Informationen, die den ersten Eindruck stützen, als hochwillkommen auf. Wie durch einen Filter werden genau die Informationen selektiert, die die Kategorisierung stützen, andere, dem widersprechende Hinweise dringen nicht mehr durch.

Beispiel: Selektive Informationsaufnahme

In einem Bewerbergespräch hatte die beurteilende Führungskraft eine Bewerberin aufgrund von Vorinformationen offensichtlich in die Schublade „unorganisiert" gesteckt. Berichte über sehr strukturierte Projektdurchführungen nahm sie überhaupt nicht wahr. In der Nachbesprechung schien es, als hätte sie diese gar nicht gehört.

Je stärker die Führungskraft den Bewerber schon im Vorfeld einer Kategorie zugeordnet hat, desto weniger zusätzliche Informationen sind nötig, um genau diese Vorverurteilung zu stützen. Umgekehrt bedeutet dies, dass sich ein Bewerber viel mehr anstrengen muss, um eine Vorverurteilung auszugleichen.

Menschen sind keine objektiven Informationsverarbeiter

Die im Folgenden dargestellte Dissonanztheorie geht noch weiter als die Gating-Theorie. Sie besagt, dass Informationen, die den Vorannahmen widersprechen können – sofern sie überhaupt wahrgenommen werden –, im ungünstigen Fall sogar uminterpretiert werden. Auf diese Weise behält das System der Vorannahmen seine Gültigkeit. Menschen streben hinsichtlich ihrer Auffassungen, Meinungen und Wahrnehmungen eine Art Gleichgewicht an, dass hier eine gewisse Widerspruchsfreiheit herrscht.

Beispiel: Dissonanztheorie

Eine Führungskraft ist davon überzeugt, dass ein Kollege gutmütig, fair und kollegial ist. Als sie Hinweise erhält, dass sich dieser Kollege einer anderen Mitarbeiterin gegenüber höchst unfair benommen hat, erlebt sie diese Information als dissonant, als nicht passend zum sonstigen Eindruck, den sie von dem Kollegen hat.

Die Theorie besagt nun, dass Menschen danach streben, die empfundene Dissonanz zu reduzieren. Dies kann auf unterschiedliche Arten geschehen:

- Die betreffende Person könnte ihre Auffassung über den Kollegen aus dem Beispiel ändern („Er ist doch ein unfairer Mensch ...").
- Sie könnte die Information über das unfaire Verhalten anders interpretieren, z. B., indem sie unterstellt, dass die Mitarbeiterin das unfaire Verhalten selbst provoziert hat.

- Oder die Person könnte vermuten, dass sich der Sachverhalt ganz anders zugetragen habe, anders zu beschreiben sei. In diesem Fall wird die ursprüngliche Annahme, dass der Kollege fair und gutmütig ist, aufrechterhalten.

Die Theorie der kognitiven Dissonanz

Menschen streben in ihren Meinungen, Werthaltungen und Einstellungen eine gewisse Widerspruchsfreiheit an. Wenn z. B. eine Führungskraft, die für sich beansprucht, fürsorglich und einfühlsam zu sein, wahrnimmt, dass sie z. B. mit einer bestimmten Mitarbeiterin trotz des eigenen Anspruchs schon sehr lange Zeit keinen Austausch mehr hatte, kann diese Erkenntnis zur kognitiven Dissonanz führen.

Die kognitive Dissonanz wächst bei wichtigen Themen

Dissonanz ist umso größer, je mehr Werthaltungen und Einstellungen betroffen sind

Je wichtiger ein Aspekt für eine Person subjektiv ist, desto größer wird gegebenenfalls die empfundene Dissonanz. Im Alltag entstehen typische Widersprüche zwischen gesundheitsrelevanten Auffassungen sowie Werthaltungen und der Erkenntnis, dass man dennoch nicht genug Sport treibt, zu viel isst oder zu lange bewegungslos im Büro sitzt. Auch ein bestimmtes Konsumverhalten kann Dissonanz auslösen. Jemand bekommt ein schlechtes Gewissen, weil er zu viel Geld für scheinbar sinnlose Dinge ausgegeben hat, denn „eigentlich müsste er vorsorgen oder das Geld lieber in sinnvolle Dinge stecken."

Dissonanz reduzieren

Sofern die Dissonanz von einer Person empfunden wird, entsteht das Bestreben, sie zu reduzieren. Die Person kann entweder verändern, was sie über den entsprechenden Gegenstandsbereich denkt oder was sie darüber wahrnimmt. Diesen Vorgang, das Gleichgewicht wieder herzustellen, nennt man Dissonanzreduktion.

Beispiel: Dissonanzreduktion

Die oben angesprochene Führungskraft könnte sich sagen, dass die Mitarbeiterin schließlich auch von sich selbst das Gespräch suchen könne oder dass sich um Mitarbeiter kümmern ja nicht bedeutet, ihnen nachzulaufen. Oder die Führungskraft könnte sich überlegen, dass es auch ganz gut sei, längere Zeit keinen Kontakt zu haben, das fördere schließlich die Eigenständigkeit der Mitarbeiter.

Durch den Prozess der Dissonanzreduktion können also Meinungen geändert, Wahrnehmungen verzerrt oder gegen angenehmere ausgetauscht werden – mit dem Ziel, das eigene System der Wahrnehmungen, Werthaltungen und Einstellungen im Gleichgewicht zu halten.

Welche Veränderung wird vorgenommen

Welche Meinung ist jemand bereit, aufzugeben?

Welche der Auffassungen oder Wahrnehmungen ein Mensch letztlich ändert, hängt vom sogenannten Änderungswiderstand ab. Die Frage dabei ist, welche der Meinungen jemand bereit ist, aufzugeben. Im Beispiel des unfairen Verhaltens eines Kollegen einer Mitarbeiterin gegenüber (s. Seite 84) kommt es also darauf an, ob es der Führungskraft subjektiv leichter fällt, die Ansicht über den Kollegen zu ändern, z. B., weil ihr an diesem nicht sehr viel liegt, oder ob sie stattdessen die fragliche Situation anders interpretiert und der Mitarbeiterin damit unterstellt, für die Lage selbst verantwortlich zu sein.
Menschen gehen übrigens sehr unterschiedlich mit empfundenen Dissonanzen um. Manche haben eine hohe Ambiguitätstoleranz, d. h., es gelingt ihnen offensichtlich gut, derartige Widersprüche auszuhalten. Andere quälen sich sehr damit und leiden im schlimmsten Fall unter Zuständen wie etwa Depressionen.

Typische Wahrnehmungs- und Erinnerungsverzerrungen

Darüber hinaus gibt es auch aus der Wahrnehmungspsychologie Erkenntnisse, die in den Prozess der Informationsaufnahme hineinspielen. Gerade bei Personen, die in Bewerbergesprächen oder Assessment-Centern keine oder nur wenige Notizen machen, sind diese Phänomene gut zu beobachten. Denn dann wird das Gedächtnis gefordert.

Wahrnehmungs- und Gedächtnisphänomene

Die im nächsten Kasten beschriebenen Effekte beruhen weniger auf umfangreichen Interpretationsprozessen als darauf, wie menschliches Denken, Verstehen und Problemlösen organisiert wird. Es handelt sich um Wahrnehmungs- und Gedächtnisphänomene.

- *Primacy-recency-Effekt:* Häufig erinnern sich Menschen am besten an das zuerst und zuletzt Gehörte oder Gesehene. Eine bekannte Sängerin hat – dieser Tatsache Rechnung tragend – einmal gesagt, der erste und der letzte Ton seien besonders wichtig. Was zwischendrin passiere, sei eher unwichtig. Und auch aus diesem Grund mag der magische erste Eindruck eine solche Bedeutung haben.
- *Kreatives Vergessen:* Informationen werden z. T. nicht einfach vergessen, sie werden geradezu fantasievoll zu einem stimmigen Gesamtbild ergänzt.
- *Unterschiede bleiben haften:* Es fällt leichter, Informationen zu erinnern, die große Unterschiede zwischen Bewerbern charakterisieren. Kleine Unterschiede, die z. T. auch sehr bedeutend sein können, werden gern vergessen. Das Gedächtnis ist kein objektiver Speicher. Es arbeitet, es reorganisiert aktiv die Informationen. Aufgrund dieser Erkenntnis hat sich der Wert von Augenzeugenberichten vor Gericht in den letzten Jahren deutlich abgeschwächt.

Kann man sich gegen die genannten Phänomene wappnen? Da es sich um ganz allgemeine Wahrnehmungsmechanismen handelt, lassen sich die Phänomene selbst nicht bekämpfen, sie treten einfach auf. Allerdings verwenden professionelle Diagnostiker Instrumente (Leitfäden, Checklisten, detaillierte Mitschriften), die u. a. dazu dienen sollen, dem Gedächtnis unterstützend auf die Sprünge zu helfen.

2.3 Interpretieren Sie Informationen richtig

Was sagt die Information über das künftige Verhalten aus?

Der Prozess der Informationsaufnahme ist nur der erste Schritt. Die Informationen werden interpretiert, auf ihre Bedeutung hin überprüft. Die konkrete Frage, die dahinter steht, lautet: Was sagt diese Information nun über das zukünftige Verhalten dieser Person aus? Auch hier ist beobachtbar, dass verschiedene Menschen, z. B. in gemeinsam durchgeführten Einstellungsgesprächen, die Informationen ganz unterschiedlich bewerten und zu ganz unterschiedlichen Schlüssen gelangen.

Wie funktionieren Alltagserklärungen?

Wie ein bestimmtes Verhalten zu bewerten ist, ob es z. B. dafür spricht, dass ein Bewerber eine entsprechende Persönlichkeitseigenschaft aufweist, oder ob er lediglich durch äußere Umstände dazu gezwungen wurde, ist u. a. eine Frage der Attribution des Verhaltens. Attribution heißt in diesem Fall „Zuordnung“ oder „Erklärung“.

Beispiel: Attribution des Verhaltens

Sie wissen von einem Bewerber, dass er einen berufsbegleitenden Studienabschluss gemacht hat. Spricht das nun für Intelligenz oder nur für große Belastbarkeit? Eine Kollegin hinterlässt vor ihrem Urlaub ein veritables Chaos, das Sie als Urlaubsvertretung beseitigen dürfen. Spricht das nun für bösen Willen oder womöglich für ein unorganisiertes Wesen der Kollegin?

Interne oder externe Attribution

Formen der Attribution

Eine grundsätzliche Frage ist, ob ein bestimmtes Verhalten überhaupt der Person zuzurechnen ist. Kann es z. B. bei einer glänzend bestandenen Prüfung nicht sein, dass die Prüfung schlicht zu einfach war? Wäre das der Fall gewesen, könnte man dem Prüfling das gute Ergebnis nicht zurechnen, er wäre dafür nicht verantwortlich. Attributionstheorien in der Psychologie befassen sich genau mit solchen Fragen: Wann und unter welchen Umständen schreiben Beobachter ein Verhalten der Person selbst, ihren Fähigkeiten oder allein den

Umständen zu? Ausgehend von dieser Frage lassen sich interne und externe Attribution unterscheiden:

- *Interne Attribution:* Das Verhalten wird dem Menschen selbst zugerechnet.
- *Externe Attribution:* Die äußeren Umstände gelten als verantwortlich für das Verhalten.

Effekte der Zuordnung

Erfolge werden intern, Misserfolge extern attribuiert

Aus der Attributionsforschung sind bestimmte Effekte durch eine Reihe von Untersuchungen gut belegt. So ist es ein bekanntes Phänomen, dass die eigenen Misserfolge auf die Umstände geschoben, Erfolge dagegen gern auf die eigene Person. Interessanterweise kehrt sich dieses Prinzip um, sobald es um die Beurteilung anderer Personen geht. Ist die Kundenpräsentation des Kollegen misslungen, heißt es „War ja klar!“. Hat die Präsentation zu einem dicken Auftrag geführt, lautet der Kommentar hingegen „Ohne seine Assistentin hätte er das gar nicht hinbekommen“ oder „Der hat auch Glück, dass er in der Medienbranche akquiriert. Da ist gerade großer Bedarf“.

Typische Attributionsfehler

Die Neigung, eigene Erfolge mit interner Attribution, eigene Misserfolge dagegen mit externer Attribution zu erklären, ist selbstwertschützend. Im Rahmen der Personalarbeit gibt es noch weitere typische Attributionsfehler, deren Effekte in zahlreichen Experimenten nachgewiesen wurden und die im Auswahlverfahren immer wieder zu beobachten sind. Besser ist es allerdings, sie Attributionstendenzen zu nennen. Würde man von Fehlern im eigentlichen Sinne sprechen, müsste man davon ausgehen, dass es eine richtige Art der Attribution gibt. Zu bestimmen, ob etwas richtig oder falsch ist, ist aber in den Sozialwissenschaften nicht immer möglich. Gerade um soziale Phänomene zu erfassen, existieren keine Messverfahren, die einen eindeutig wahren Tatbestand darstellen könnten.

Kienbaum Expertentipp: Stärke der Tendenz

Die folgenden Tendenzen treten nicht immer gleichzeitig auf; z. T. ist dies auch gar nicht möglich, weil sie inhaltlich gegenläufig sind. Bei manchen Beurteilern scheinen diese Tendenzen aber ganz offensichtlich stärker ausgeprägt zu sein als bei anderen. Und in diesem Fall mag es gerechtfertigt sein, von Attributionsfehlern zu sprechen.

Fundamentaler Attributionsfehler

Personenfaktor wird übergewichtet

Wer andere Menschen beurteilt, neigt häufig dazu, den Personenfaktor zu stark zu gewichten. Wenn z. B. ein Bewerber in einer Übung im Rahmen eines Assessment-Centers sehr schlecht abschneidet, schreiben die Beurteiler dies häufig seiner mangelnden Fähigkeit zu. Es könnten allerdings ebenso externe Gründe vorliegen, z. B. eine schlechte Konstruktion der Übung oder eine mangelhaft geplante und organisierte Auswahlsituation.

Psychologische Nähe

Ist die Beziehung zu einem Bewerber aus irgendeinem Grund positiv, etwa weil der Beurteilende ein ähnliches Hobby wie der Kandidat hat, aus dem gleichen Ort stammt oder sonstige Gemeinsamkeiten bestehen, steigt die Bereitschaft, Erfolge dem Bewerber selbst zuzuschreiben. Negative Beobachtungen werden dann häufiger der Situation zugeschrieben, „Ist heute nicht sein Tag, war auch nicht gut erklärt, hätte sie unter anderen Umständen besser gemacht".

Selbstwertschützende Attribution

Eigene Misserfolge werden gern auf die Situation geschoben, Erfolge dagegen liegen in den eigenen Fähigkeiten begründet. Diese Tendenz könnte in der Darstellung eines Bewerbers entdeckt werden, der Misserfolge konsequent auf situative Faktoren schiebt.

Ein Beispiel dafür, wie ganz bewusst, aus einem „Nicht-glauben-wollen" heraus eine Fehlinterpretation begangen wurde, möchten wir aus der Praxis schildern.

Beispiel: Attributionsfehler

Im Rahmen eines eintägigen Bewerbungsverfahrens, das wir als Kienbaum-Berater unterstützend begleiteten, war die interne Führungskraft offensichtlich zur Auffassung gelangt, die Bewerberin sei nicht besonders intelligent. Am Nachmittag fand jedoch ein Intelligenztest statt, der entgegen der Erwartung extrem gut ausfiel. Die Führungskraft zeigte sich vom Ergebnis überrascht und zweifelte zuerst die Durchführung des Tests an: „Haben Sie der Kandidatin vielleicht zu viel Zeit für die Aufgabe gelassen?" Wir verneinten. Daraufhin meinte die Führungskraft: „Dann hat sie sicher einen solchen Test schon einmal vorher gemacht, sonst kann ich mir dieses Ergebnis nicht erklären."

Wie Nähe und Kontrast wirken

Auch die sogenannte Assimilations-Kontrast-Theorie ist für die Frage, wie Personen beurteilt werden, von großer Bedeutung. Sie liefert besonders in Hinblick auf Beurteilungsfehler wichtige Hinweise. Die Grundannahme dieser Theorie lautet, dass Menschen ihre eigenen Einstellungen, Handlungen und Aussagen sozusagen als Anker verwenden, wenn sie aufgefordert sind, andere Personen zu beurteilen. Wenn der Beurteilende etwa das Verhältnis des Kandidaten zum Umweltschutz bewerten soll, so nimmt er seine eigene Einstellung als Referenzpunkt.

Der Beurteiler bewertet Gemeinsamkeiten und Differenzen

Menschen betrachten sich bei der Beurteilung anderer als Ankerpunkt

Je nachdem, ob die Auffassungen des Gegenübers als nah oder als fern angesehen werden, treten unterschiedliche Folgen auf:

- Empfindet der Beurteiler die Einstellung des Bewerbers als relativ nah, tritt beim Beurteilenden der „Assimilationseffekt" auf. Das bedeutet, dass er die Haltung des Kandidaten als noch näher wahrnimmt, als sie tatsächlich ist. Bestehende Differenzen dagegen werden verdeckt.
- Im umgekehrten Fall tritt der „Kontrasteffekt" auf, sofern der Beurteiler eine relative Ferne zwischen seiner eigenen Auffassung und der des Beurteilten erkennt. Dann interpretiert er die Einstellungen seines Gegenübers als noch ferner, als sie in diesem Fall tatsächlich sind.

In beiden Fällen ist die Bewertung nicht besonders objektiv. Der Beurteiler empfindet die andere Person plötzlich näher oder ferner in ihren Auffassungen oder Eigenschaften, als es ein unabhängiger Betrachter tun würde. Tatsächlich bestehende Unterschiede werden in der Wahrnehmung nivelliert oder überbetont.

Kienbaum Expertentipp: Tendenz verstärkt sich

Diese verzerrende Tendenz verstärkt sich, je wichtiger die Entscheidung, die aufgrund der Bewertung getroffen werden soll, ist.

Beurteiler suchen nach Personen, die ihnen ähnlich sind

Eigene Abbilder werden gesucht

Bei wichtigen Einstellungsentscheidungen kann dieser Mechanismus dazu führen, dass nur als sehr ähnlich empfundene Bewerber überhaupt in die engere Wahl gezogen werden. In letzter Konsequenz kann dieser Vorgang dazu führen, dass Führungskräfte auf oberer Ebene nach eigenen Abbildern suchen – ungeachtet der Frage, ob diese Ähnlichkeit in fachlicher und psychologischer Hinsicht überhaupt erwünscht ist. Es gibt viele Möglichkeiten, fachliche und soziale Probleme in einem Unternehmen anzupacken. Wichtig ist es, Mitarbeiter zu finden, die einen dieser Wege erfolgreich beschreiten. Ob dies die Variante ist, die auch die Führungskraft selbst wählen würde, bleibt dahingestellt. Dennoch zeichnen sich manche Führungsetagen dadurch aus, dass alle Mitglieder auf die so provozierte homogene Art vorgehen. Der Unternehmenskultur ist dies nicht unbedingt förderlich.

Krisen in Teams werden überdeckt

Unterschiede in Teams können übertüncht werden

Eine weitere Folge des beschriebenen Mechanismus der Assimilations-Kontrast-Theorie kann sein, dass z. B. Meinungsdifferenzen in Teams verdeckt werden.

Im Arbeitsalltag neigen Menschen dazu, die Auffassungen der Personen, die scheinbar zur eigenen Gruppe gehören, als näher und ähnlicher wahrzunehmen, als dies tatsächlich der Fall ist. In Krisensituationen können dann die unvermeidlichen, tatsächlich vorhandenen Differenzen hervorbrechen. Für Menschen, die sich bis dahin durch den Assimilationseffekt sehr stark beeinflussen haben lassen, führt dies regelmäßig zu großen Enttäuschungen. Auf einmal sind sie gezwungen, die Differenzen, die bisher im Geiste übertüncht wurden, wahrzunehmen.

Differenzen zwischen Mitarbeiter und Vorgesetzten

Unterliegt eine Führungskraft diesem Effekt, kann dies für die Zusammenarbeit gravierende Folgen haben. Solange die empfundene Nähe zu einem Mitarbeiter vorhanden ist, übergeht und nivelliert der Vorgesetzte tatsächliche Differenzen. In dem Moment aber, in dem durch einen – möglicherweise unvermeidlichen – Umstand Risse im so innigen Verhältnis auftauchen, wertet die Führungskraft den Mitarbeiter ebenso drastisch ab, so als habe es nie eine Gemeinsamkeit gegeben.

Drastische Abwertung eines Mitarbeiters kann die Folge sein

Beispiel: Verdeckte Differenzen

Der Senior-Chef eines mittelständischen produzierenden Unternehmens hatte auf diese Weise innerhalb von sechs Jahren sieben Geschäftsführer verschlissen. Sein Sohn, der inzwischen die Nachfolge angetreten hat, berichtet: Der alte Herr bevorzugte schon im Auswahlverfahren ganz offensichtlich jene Bewerber, die eine scheinbare Nähe in Haltungen und im Werdegang aufwiesen. Fachlichen Argumenten zeigte er sich regelmäßig nicht zugänglich. Einer kurzen Phase der Euphorie folgten dann Abwertung, Enttäuschung und letztlich die Entlassung. Immer verbunden mit dem Gefühl des Inhabers, einmal mehr betrogen worden zu sein.

Freilich hat ein solches Verhalten auch noch mit anderen Persönlichkeitsvariablen bei der Führungskraft zu tun, die Assimilations-Kontrast-Theorie beschreibt dabei nur eine Facette.

2.4 Wie Sie Verhalten beschreiben und erklären

Über die beschriebenen Effekte der Informationsaufnahme und Bewertung hinaus entsteht natürlich die Frage, wofür das beobachtete Verhalten nun eigentlich spricht? Ist der Mitarbeiter denn nun selbstunsicher, wenig durchsetzungsstark oder gar neurotisch? Handelt es sich bei den Facetten, die in einem Auswahlverfahren interessieren, um Aspekte, die tief in der Persönlichkeit liegen, oder liegen vielmehr pragmatische, sehr leicht veränderbare Verhaltensvarianten vor? Mit diesen Fragen beschäftigen sich die Konzepte der Soft Skills, der Typologien und der Persönlichkeitskonstrukte.

Soft Skills beschreiben das Handeln einer Person

Soft Skills sind seit einigen Jahren in aller Munde. Allerdings ist dies kein geschützter Begriff, mit dem Ergebnis, dass ihm eine Vielzahl unterschiedlicher Aspekte zugeordnet ist. Eine Web-Recherche ergibt allein schon ein Sammelsurium von ca. 200 Begriffen.

Soft Skills in der Personalauswahl

Praktikable Beschreibungen für den Phänomenbereich Handeln im beruflichen Kontext

Soft Skills stellen für den Phänomenbereich Handeln im beruflichen Umfeld praktikable Beschreibungen dar. In der Personalauswahl interessieren u. a.:

- analytisches Denken,
- Durchsetzungsvermögen,
- kommunikative Fähigkeiten,
- Konfliktkompetenz, Konfliktmanagement,
- Teamfähigkeit,
- strategisches Denken,
- Verhandlungsgeschick,
- Präsentationskompetenz,
- Planung und Organisation,
- Selbstmanagement, Zeitmanagement,
- Führungsaspekte: Motivation, Delegation,
- Einfühlungsvermögen sowie
- Kontaktstärke, Kontaktmanagement.

Soft Skills fassen Verhaltensweisen pragmatisch zusammen

Manche Soft Skills weisen mehr inhaltliche Nähe zu empirisch beforschten Persönlichkeitsvariablen auf als andere. Es gibt für sie bis heute keine verbindlich geregelte oder womöglich aus der Psychologie ableitbare Kategorisierung.

Kienbaum Expertentipp: Alltagstaugliche Konstrukte

Wer z. B. die Aspekte Teamfähigkeit und Konfliktkompetenz betrachtet, kann schon anhand des Alltagsverständnisses erkennen, dass wahrscheinlich zahlreiche einzelne Facetten unter diese beiden Begriffe fallen. Außerdem zählen unterschiedliche Beobachter vermutlich sehr unterschiedliche Merkmale dazu. Solche pragmatisch konzipierten Dimensionen werden typischerweise als Soft Skills bezeichnet.

Niemand hindert z. B. einen Personalberater daran, einen innovativen Soft Skill zu erfinden, der sich z. B. Diversity-Management nennt und die Fähigkeit beschreiben soll, konstruktiv mit ethnischer Andersartigkeit im beruflichen Umfeld umzugehen. Damit soll nicht gesagt sein, dass dieser Soft Skill sinnlos sei.

Soft Skills dürfen nicht mit trennscharfen psychologischen Variablen verwechselt werden Sie beschreiben lediglich ein ganzes Bündel an Verhaltensweisen. Zeigt eine Person mehr von diesen – unter einem Soft Skill – zusammengefassten Verhaltensweisen, besitzt sie hier eine höhere Ausprägung. Verhält sie sich weniger danach, ist ihre Ausprägung niedriger. So einfach ist die Bewertung in diesem Zusammenhang.

Soft Skills sind in der Regel keine überprüften, psychologischen Konzepte

Persönlichkeitskonstrukte erklären Verhaltensweisen

Soft Skills beschreiben bestimmte Verhaltensweisen, erklären sie aber nicht. Persönlichkeitskonstrukte haben dagegen einen anderen Anspruch: Sie wollen ein – im psychologischen Verständnis – beobachtbares Verhalten erklären, d. h. es auf dahinterliegende, psychologische Prozesse zurückführen.

Meist kein alleiniges Kriterium

Persönlichkeitsvariablen sind empirische, d. h. experimentell überprüfte Merkmale, die aber oft nur einen geringen psychologischen Einzugsbereich besitzen. Sie sind inhaltlich eng gefasst und in der Regel nicht als alleiniges Kriterium geeignet, um zu beurteilen, ob ein Kandidat für eine Stelle geeignet ist oder nicht. So ist etwa die Frage, ob eine Person in hohem Maße ambiguitätstolerant ist, also gut mit Widersprüchen umgehen kann, nur selten geeignet, um zu entscheiden, ob sie für einen bestimmten Job geeignet ist.

Persönlichkeitskonstrukte bilden weitere Beobachtungskategorie

Trotzdem ist es möglich, das Verhalten eines Menschen in bestimmten Situationen treffend durch diese Merkmale, die auch als Persönlichkeitskonstrukte bezeichnet werden, zu beschreiben. Damit besitzen sie als zusätzliche Beobachtungskategorien durchaus großen Wert. Beispiele für Persönlichkeitskonstrukte sind:

Beispiele für Persönlichkeitskonstrukte

- *Frustrationstoleranz:* Manche Menschen stecken Misserfolge verhältnismäßig gut weg und können sich schnell wieder auf ihre Aufgaben konzentrieren. Andere werden davon noch lange Zeit gequält, grübeln, erleben Stress und Unzufriedenheit.
- *Belohnungsaufschub:* Eine erhoffte Belohnung lässt manchmal sehr lange auf sich warten. Menschen unterscheiden sich darin, wie gut sie mit diesem Umstand umgehen können. Einige können sich auf dem Weg gut konzentrieren, sie motivieren sich durch eine ferne Belohnung. Andere streben nach schnellen Verstärkungen, ziehen also kleinere Belohnungen, die sofort ausgezahlt werden, einer größeren, die aber in weiter Ferne liegt, vor. Die Fähigkeit, sich auch bei langwierigen Aufgaben im Arbeitsprozess selbst disziplinieren zu können, hängt mit diesem Merkmal zusammen.
- *Ambiguitätstoleranz:* Hierunter versteht man die Fähigkeit, mit Widersprüchen umzugehen bzw. Widersprüche auszuhalten (s. Seite 86).
- *Repression, bzw. Sensitization:* Menschen unterscheiden sich – so die Annahme – darin, wie sie eine kritische Situation meistern. Nehmen sie sie möglichst wenig zur Kenntnis, verdrängen sie sie also? Ober schenken sie ihr gerade besonders viel Aufmerksamkeit?

Weitere Persönlichkeitskonstrukte sind u. a. Ängstlichkeit, soziale Beeinflussbarkeit, Dominanz, Intelligenz, Kreativität und Locus of Control, also die Frage, ob jemand glaubt, sein Leben selbst gestalten zu können oder sich eher als Spielball der Umstände fühlt und meint, nur wenig Einfluss auf das Geschehen nehmen zu können.

Kienbaum Kompetenztest: Persönlichkeitskonstrukte
Schätzen Sie Ihre Kollegen und Mitarbeiter einmal hinsichtlich der Aspekte Belohnungsaufschub, Frustrationstoleranz und Ambiguitätstoleranz ein. Beobachten Sie sie dafür in verschiedenen Arbeitssituationen, z. B. im Konflikt- und Problemlöseverhalten.

Bei Typologien ist Vorsicht geboten

In der Managementliteratur, in Trainingsinhalten und in - vornehmlich älterer – psychologischer Fachliteratur finden sich häufig sogenannte Typologien (s. auch Seite 22). So vermitteln Verkaufstrainings den teilnehmenden Verkäufern Kundentypologien wie den „Expressiven", den „Verbindlichen" oder den „Macher". Auf Freud sind Begriffe wie der „orale" oder der „anale" Charakter zurückzuführen und im Alltag begegnen wir immer wieder dem „Extravertierten" oder dem „Sanguiniker".

Typologien verführen zu vorschnellem Urteil

Typologien fassen Verhaltensbereiche zusammen

Alle diese Typologien fassen einen größeren Bereich des Verhaltens zusammen. In diagnostischer Hinsicht machen sie das Leben scheinbar einfacher, denn ist die Person, die es zu beurteilen gilt, erst einmal einem Typus zugeordnet, dann meint der Beurteilende zu wissen, wie er mit diesem Menschen zu verfahren hat.
Doch in der Personaldiagnostik ist Vorsicht angebracht: Typologisierungen stellen genau jene Form der Diagnostik dar, durch die Wahrnehmungsverzerrungen geradezu provoziert werden – mit den negativen Auswirkungen, die auf den vorangehenden Seiten beschrieben wurden.

Kienbaum Expertentipp: Umgang mit Typologien

Typologien sind nichts weiter als Wahrnehmungsschubladen und nur in Ausnahmefällen praktikabel. Steckt eine Person erst einmal in einer dieser Schubladen, hat sie es schwer, dort wieder hinauszugelangen.

Dennoch kann es in bestimmten Situationen sinnvoll sein, mit Typologien zu arbeiten, z. B. in Trainings. Dann können sie Ihnen helfen, in unbekanntem Terrain zu navigieren und Ihr Verhalten besser zu steuern. Denn Typologien geben uns ein erstes Raster, an dem wir unsere Wahrnehmung festmachen können. Sofern wir z. B. Kundentypologien kennengelernt haben, können wir zumindest versuchen, unsere Strategien diesen verschiedenen Kundentypen anzupassen – auch wenn wir irgendwann erkennen, dass diese Kundentypen in der so stereotypisierten Form gar nicht vorkommen.

Keine Typologien in der Personalauswahl!

Bei der professionellen Diagnostik sind Typologien unangebracht

Eine seriöse Personalauswahl verzichtet auf den Einsatz typologisierender Verfahren. Dies gilt auch für das Vier-Typen-Modell für Führungskräfte (s. Seite 22), das wir in diesem Buch weiter vorn vorstellen. Auch wenn es in Trainings und zum Verständnis in Teamprozessen sehr sinnvoll sein kann, wird es in diagnostischen Verfahren Fehlurteile provozieren. Kienbaum setzt in Auswahlverfahren keine Typologien ein.

2.5 Verbessern Sie Ihre Menschenkenntnis

Angesichts der vielen Fallen, die im betrieblichen Umfeld bei der Einschätzung anderer Menschen lauern, stellt sich die Frage, ob – und wenn ja – wie sich entsprechende Fähigkeiten schulen lassen. Die beschriebenen Mechanismen lassen sich teilweise nur schwer umgehen. Es kann auch nicht Ziel sein, sich selbst ständig und hundertprozentig zu kontrollieren, also die eigene Wahrnehmung permanent auf den Prüfstand zu stellen. Wie kann man die Fähigkeit schulen, andere Menschen im betrieblichen Umfeld besser einzuschätzen?

Widerlegen statt bestätigen

Die zu Beginn dieses Kapitels beschriebenen Mechanismen können im ungünstigen Fall dazu führen, dass Sie Menschen aufgrund bestimmter Charakteristika vorverurteilen oder dass Sie sie verzerrt wahrnehmen und dann Ihre gesamte Beurteilung auf unbewiesene Hypothesen stützen. Was können Sie dagegen tun?

Versuchen Sie, Ihre Eindrücke zu widerlegen

Eine in der Literatur zur psychologischen Eignungsdiagnostik vorgeschlagene Strategie ist, nach Fakten zu suchen, die Ihre Vorstellungen von dem Bewerber oder der Bewerberin widerlegen. Wer z. B. den Eindruck gewonnen hat, dass ein Kandidat nur wenig durchsetzungsfähig sei – etwa weil er ein zunächst zurückhaltendes Auftreten gezeigt hat oder er einige linkische Bemerkungen fallen ließ – sollte versuchen, diesen ersten Eindruck gezielt zu hinterfragen. Das Ziel ist, diese frühzeitige Wahrnehmung zu widerlegen. Eine solche Strategie nennt sich auch Falsifikationsstrategie. Ein solches Vorgehen ist vor allem dann wichtig, wenn der negative Eindruck schon sehr früh im Beurteilungsverfahren entstanden ist.

Machen Sie sich Ihre Eindrücke bewusst

Strukturierter Interviewbogen hilft dabei, sich Eindrücke bewusst zu machen

Voraussetzung für dieses Verfahren ist natürlich, dass sich der Beurteilende dieser Eindrücke auch bewusst ist. Eine Möglichkeit dazu ist etwa, einen strukturierten Interviewbogen zu verwenden, der bestimmte Spalten für erste Eindrücke vorsieht, die sich dann in den ersten Minuten des Beurteilungsgesprächs füllen. Anschließend sucht der Beurteilende gezielt nach Informationen, die diese Eindrücke widerlegen.

Nutzen Sie eine professionelle Methodik

Im Rahmen von Auswahlverfahren strömen eine Menge Informationen auf die beurteilenden Personen ein: Sie führen gleich mit mehreren Kandidaten Auswahlgespräche oder beobachten zahlreiche Bewerber, die an einem Assessment-Center teilnehmen. Kein Mensch kann all dies im Kopf behalten und sich auch noch längere Zeit daran erinnern.

In der professionellen Eignungsdiagnostik kommen daher strukturierte Interview- und Beobachtungsbögen zum Einsatz. Auf ihnen notieren die beurteilenden Personen die Informationen, die sie aus den Beobachtungssequenzen ziehen. Im Idealfall führen gleich mehrere Beurteiler die Beobachtungen durch und diskutieren anschließend über ihre Eindrücke.

Kienbaum Expertentipp: Eindrücke werden verzerrt

Wenn Sie sich allein auf Ihre Erinnerung verlassen, treten die Effekte auf, die im vorangegangenen Text beschrieben wurden. Wenn Sie strukturierte Instrumente gebrauchen, führt das zu mehr Transparenz und zu einer höheren Güte Ihrer Entscheidung oder Einschätzung.

Aneignen von Konzepten

Selbst Personaler verstehen unter Begriffen wie „Konfliktfähigkeit“ unterschiedliche Dinge

Zu den wichtigsten Vorarbeiten in der Personalauswahl gehört es, sich zu verdeutlichen, wonach man eigentlich genau sucht. Natürlich geht es nicht darum, dass sich alle Personaler exakt die gleichen Konzepte zu den Soft Skills zu eigen machen, die im Rahmen der Personalauswahl oder der Mitarbeitereinschätzung eingesetzt werden. Aber sie sollten über detailliertere Kenntnisse darüber verfügen als andere Personen – schließlich gehört es zu ihren Kernaufgaben, Menschen einzuschätzen.

Vorstellungen fallen sehr unterschiedlich aus

In Seminaren zur Eignungsdiagnostik werden die Teilnehmer gern aufgefordert, getrennt von einander aufzuschreiben, was sie z. B. unter dem Begriff „Durchsetzungsfähigkeit“ oder „strategisches Denken“ verstehen und an welchen konkreten Verhaltensweisen sie diese Merkmale an einem Menschen festmachen.

Es ist erstaunlich, wie unterschiedlich die entstehenden Konzepte sind – und dies, obwohl an solchen Seminaren meist Menschen teilnehmen, die sich mit dem Thema Personal und Einschätzung anderer Menschen hauptberuflich beschäftigen.

Auch für Führungskräfte relevant

Nicht nur im Rahmen der Personalauswahl ist es von Bedeutung, die Grundlage der Personalkonzepte zu kennen. Schließlich geht es auch in Zielvereinbarungsprozessen, bei der Personalentwicklung und bei der Mitarbeiterbeurteilung darum, Menschen einzuschätzen. Und was man nicht kennt, kann man auch nicht beobachten. Wer noch nie etwas von Persönlichkeitskonstrukten wie Frustrations- oder Ambiguitätstoleranz gehört hat, kann diese Kategorien im Beurteilungsverfahren auch nicht erkennen – er wird sie einfach nicht sehen. Dies gilt im gleichen Umfang für die Soft Skills, angefangen bei strategischem Denken bis hin zu Selbstmanagement.

2.6 Welche Instrumente können Sie nutzen?

Auseinandersetzung mit Problemen ermöglicht professionellen Umgang mit Unterlagen

Wer sich intensiv mit den geschilderten Problemen und möglichen Fallstricken im Beurteilungsprozess auseinandersetzt, wird mit Informationen über den Bewerber wesentlich professioneller und fairer umgehen können als jemand, der noch nie etwas von Verzerrungen und Voranahmen, von Attributionstheorien und Persönlichkeitskonstrukten oder von Nähe und Kontrast gehört hat. Dieses Wissen zeigt sich schon im Umgang mit den Bewerbungsunterlagen und den Hinweisen, die in Gesprächen oder Assessment-Centern entstehen.

Informationen aus der Bewerbungsmappe ziehen

Bewerbungsunterlagen sind der erste Kontakt

In der Regel entsteht der erste Eindruck von einem Bewerber durch die Bewerbungsunterlagen. Die Wirkung dieses ersten Eindrucks ist nicht zu unterschätzen – so ist in den meisten Fällen verheerend, wenn z. B. eine unvollständige Bewerbungsmappe auf dem Tisch liegt oder bestimmte Aspekte darin ungeschickt formuliert sind. Der beste Weg, zu einer möglichst unbeeinflussten Informationsaufnahme zu kommen, ist, alle impliziten Theorien und Voreingenommenheiten sichtbar und transparent zu machen. Schon bei der Durchsicht der Bewerbungsunterlagen sollten Sie damit beginnen.

Gibt es feste Regeln im Umgang mit den Unterlagen?

Auch wenn heute zahllose Ratgeber zum Thema „Wie analysiere ich eine Bewerbungsmappe richtig“ vorhanden sind, existiert bis heute – abgesehen von fachlichen Kriterien – kein allgemein gültiges und vor allem richtiges Verfahren, um solche Unterlagen sinnvoll zu sortieren bzw. auszusortieren. Es gibt sicherlich einige generelle Hinweise, insbesondere typische Warnsignale, die hier Licht ins Dunkel bringen können, aber darüber hinaus ist der Beurteiler bei der Interpretation der Unterlagen auf sich gestellt.

Was ist wirklich wichtig?

Wie häufig also darf ein Bewerber die Stelle gewechselt haben, ehe er für den Beurteiler uninteressant wird? Was ist zu tun, wenn Zeugnisse fehlen oder das Foto nicht zusagt? Was bedeutet es, wenn ein Bewerber früher einmal ein Unternehmen bereits nach einem Jahr im gegenseitigen Einvernehmen wieder verlassen hat? Und die wichtigste Frage: Ist all dies relevant für die anstehende Personalentscheidung?

Welche Fähigkeiten muss der Bewerber mitbringen?

Entscheidend sollte immer sein, über welche Fähigkeiten ein Arbeitnehmer verfügen muss, um den Job gut zu machen, und ob der in Frage kommende Kandidat diese Fähigkeiten besitzt. Nach diesem Punkt gilt es, die Unterlagen zu analysieren. Das setzt natürlich voraus, dass der Personaler oder die Führungskraft diese Anforderungen sehr genau kennt.

Wie Sie mit Warnsignalen professionell umgehen können

Dennoch lässt es sich nicht immer vermeiden, dass nach der ersten Sichtung der Mappe negative Eindrücke zurückbleiben. Typische Warnsignale sind:

- Zeugnisse fehlen,
- Referenzen werden früh genannt,
- die Kündigungstermine sind ungewöhnlich,
- im Lebenslauf sind nur Jahreszahlen aufgeführt,
- es tauchen Formulierungen wie „im gegenseitigen Einvernehmen“ in Zeugnissen auf,
- das Anschreiben ist extrem lang,
- Datumsangaben sind offensichtlich falsch.

Solche Zeichen sollten allerdings nicht automatisch zum Ausschluss eines Bewerbers führen, der im Übrigen die Anforderungen erfüllt. Vielmehr sollte der Personaler oder die Führungskraft sie nutzen, um im Bewerbungsgespräch oder bei einem telefonischen Vorabinterview das „Warum“ zu erfragen. Möglicherweise gibt es eine gute Erklärung für die angesprochenen Punkte – möglicherweise auch nicht.

Beispiel: Den Grund erfragen

In einem Bewerbungsschreiben beschrieb sich ein Kandidat in besonders hervorgehobenen Lettern als ehrlich, fleißig, leistungsbewusst und belastbar. Die Führungskraft des einstellenden Unternehmens störte sich besonders an den Worten „ehrlich und fleißig". Ihr Kommentar dazu lautete: „Wir brauchen Leute mit Rückgrat. Wie kann sich denn jemand für eine solch gehobene Position als ehrlich und fleißig bezeichnen?"

Ohne Zweifel bestand aufgrund der Selbstbeschreibung des Kandidaten eine negative Voreingenommenheit der Führungskraft. Der beratende Kienbaum-Mitarbeiter fragte im Interview mit dem Bewerber konkret nach diesen Beschreibungen. Es stellte sich heraus, dass diese Worte für den Kandidaten vor allem wegen eines vergangenen Ereignisses Bedeutung hatten. Vor einigen Jahren hatte er bei einem bekannten Finanzdienstleister gearbeitet, der durch „krumme Machenschaften" der Vorstandsetage in die Schlagzeilen geraten war. Deshalb hatte der Bewerber das offensichtliche Bedürfnis, sein eigenes Vorgehen, seinen Ehrlichkeit und seinen Fleiß zu betonen.

Mit mangelndem Rückgrat, wie die Führungskraft die Äußerung verstand, hatte die Selbstbeschreibung also nichts zu tun.

Trennen Sie Beobachtung und Erklärung

Sinnvolles Vorgehen, um Bewerbungsunterlagen zu analysieren

Es gilt also, den eigenen, unbewiesenen Mutmaßungen aufgrund der Informationen aus den Bewerbungsunterlagen zu entgehen. Dafür hat es sich bewährt, auf die Schriftform zurückzugreifen. Eine einfache Tabelle hilft dabei, z. B. die Effekte der Gating-Theorie (s. Seite 83) zu mildern.

Teilen Sie dafür ein Blatt Papier durch eine senkrechte Linie in zwei Hälften. Über die linke Spalte schreiben Sie „Beobachtungen/Fakt" und über die rechte „Hypothese/Folgerung". Wenn Sie nun die Bewerbungsunterlagen durcharbeiten, notieren Sie links alle Punkte, die Ihnen auffallen. Das können Lücken im Lebenslauf sein, Rechtschreibfehler im Anschreiben, ein schlechtes Foto oder auch mäßige Abiturnoten. Diese Punkte können Ihre Wahrnehmung unwillkürlich in eine bestimmte Richtung lenken. Um dies zu vermeiden, schreiben Sie in die rechte Spalte Ihre subjektiven Theorien und Hypothesen auf, mit denen Sie die Auffälligkeiten zu erklären versuchen.

Beispiel: Bearbeitung von Bewerbungsmappen

Eine Führungskraft sucht einen neuen Controller und hat vor sich einen Stapel Bewerbungsmappen liegen. Um die Daten sinnvoll verwerten zu können, notiert sie alle Auffälligkeiten in einer Tabelle.

Beobachtung/Fakt	Hypothese/Folgerung
Rechtschreibfehler	ungebildet? nachlässig?
Lange Studiendauer	Bummelstudent?

Vor allem negative Vorannahmen sollten Sie hinterfragen

Alle Punkte sollten angesprochen werden

Grundsätzlich sollte die beurteilende Person alle Punkte, die ihr bei der Durchsicht der Unterlagen relevant vorkommen, thematisieren. Das gilt insbesondere für Hinweise, die eher zu einer weniger positiven Einstellung gegenüber dem Kandidaten führen. Damit ist eine fairere und objektivere Bewertung sichergestellt.

Kienbaum Expertentipp: Frageliste komplett bearbeiten

Machen Sie es sich zur Regel, jeden der aufgeführten Punkte im tatsächlichen Interview zu erfragen bzw. zu überprüfen.

Wie Sie im Bewerbungsgespräch die relevanten Informationen erfragen

Der wichtigste Schritt in der Beurteilung eines Menschen ist die Informationssammlung. Im Bewerbungsverfahren findet diese oft durch ein ausführliches Bewerbergespräch statt. Dabei kommt es entscheidend darauf an, wie professionell der Beurteilende vorgeht. Es liegt in seiner Verantwortung, das Interview so vorzubereiten und durchzuführen, dass anschließend eine faire Bewertung möglich ist. Die Güte der angewandten Gesprächstechniken bestimmt, wie reichhaltig und relevant die Informationen sind.

Leider weisen die Kenntnisse von Führungskräften in Bezug auf die Gesprächsführung sehr oft Mängel auf. Damit sind Attributsfehler (s. Seite 89) oder Erinnerungsverzerrungen (s. Seite 86) vorprogrammiert. Denn je weniger aussagekräftig die vorliegenden Informationen sind, desto stärker beruht die Bewertung auf Mutmaßungen.

Um dies zu vermeiden, gilt es, zwei grundlegende Aspekte zu berücksichtigen: Die beurteilende Person muss wissen, wonach sie im Gespräch sucht, und sie sollte Fragetechniken beherrschen, die es erlauben, diese gesuchten Informationen auch tatsächlich in Erfahrung zu bringen.

Führen Sie eine Anforderungsanalyse durch

Anforderungsanalyse bringt Klarheit

Wie wichtig es ist, sich im Vorfeld die Anforderungen an einen Bewerber zu überlegen, wurde bereits mehrfach betont. Die Frage ist allerdings, auf welchem Weg sich solche Kriterien ausarbeiten lassen. Wonach entscheidet sich, ob dieser Kandidat geeignet ist, ein anderer aber nicht? In der Praxis hat sich für dieses Problem die Anforderungsanalyse bewährt, die in drei Schritten erstellt werden kann:

- *Schritt 1:* Formulierung der Positionsziele,
- *Schritt 2:* Ausarbeiten der Kernaufgaben,
- *Schritt 3:* Ableiten des „Könnens und Wollens", über die der Kandidat verfügen muss.

Das Können bezeichnet die Fähigkeiten, die Kompetenzen, die Soft Skills und die fachlichen Aspekte, die der Stelleninhaber mitbringen muss, um seine Arbeit sinnvoll ausfüllen zu können. Das Wollen beschreibt die motivationalen Voraussetzungen, die für manche Positionen nicht unwichtig sind.

Beispiel: Anforderungsanalyse

Ein großes Unternehmen sucht einen Leiter oder eine Leiterin für den Bereich Personalentwicklung. Für den Arbeits- bzw. Verantwortungsbereich dieser Position werden die angesprochenen Aspekte Ziele, Kernaufgaben, Können und Wollen abgeleitet.

1. Position: Leiter/Leiterin Personalentwicklung
2. Positionsziele:
   a) Sicherstellung einer professionellen Steuerung des Bereichs Personalentwicklung
   b) Unterstützung des Personalleiters/der Personalleiterin in Fragen der strategischen Personalentwicklung
3. Kernaufgaben: u. a. Steuerung der Mitarbeiter/Mitarbeiterinnen des Bereichs Personalentwicklung, Verantwortung für das gesamte Ent-

wicklungsbudget, Verhandlung mit externen Bildungsanbietern, Aufbau und Pflege eines Bildungscontrollings, Einbindung der Führungskräfte in das Entwicklungsprogramm, Durchführung von Seminarevaluation usw.

4. Können und Wollen: Versteht es, Mitarbeiter zu motivieren. Kann Verhandlungen in seinem/ihrem Sinne steuern. Verfügt über Kontaktorientierung, kann auch zu schwierigen Gesprächspartnern partnerschaftliche Beziehungen herstellen. Verfügt über statistisches Grundwissen. Möchte gestalten, aufbauen, sich auch gegen Widerstände durchsetzen. Versteht es, Szenarien für eine strategische Entwicklung des Faktors Personal zu entwerfen usw.

„Können" und „Wollen" ergeben eine Auflistung der Skills

Unter „Können und Wollen“ steht eine möglichst vollständige Auflistung dessen, was sich aus den Kernaufgaben tatsächlich an Skills ableiten lässt. In diesem Beispiel wären Sie mit der Aufzählung daher gerade erst am Anfang.

Das „Können und Wollen“ ist es, nach dem Sie in einem Bewerbergespräch vorrangig suchen. Und sofern Ihnen nicht genau klar ist, was dieses Können und Wollen eigentlich ist, wird Ihr Bewerbergespräch einem Stochern im Nebel gleichen. Sie stellen als Führungskraft viele Fragen, wissen aber mit den Antworten der Bewerber nichts Richtiges anzufangen.

Vermeiden Sie Standardfragen

Standard- und Szenarienfragen führen nicht zum gewünschten Ergebnis

Es gibt eine ganze Reihe an Fragen, die Führungskräfte gern in Einstellungsinterviews verwenden. Ein typisches Beispiel ist „Was sind Ihre Stärken und Schwächen?“. Auch die sogenannten Szenarienfragen sind sehr beliebt, z. B. „Stellen Sie sich vor, Sie befinden sich in einem Konflikt mit einem Kollegen. Der Kollege hat den Chef bereits über Ihre Differenzen unterrichtet. Sie treffen nun den Kollegen auf dem Gang zur Kantine im Gespräch mit dem Chef; was sagen Sie?“

Solche Standard- und Szenarienfragen führen nicht zum gewünschten Ergebnis, dem Wissen über die konkreten Fähigkeiten des Kandidaten. Was soll ein Bewerber darauf sinnvoll antworten und welchen Erkenntnisgewinn erzielt die Führungskraft dadurch?

Hinzu kommt, dass solche Standardfragen in jedem Bewerbungsratgeber ausführlich behandelt werden und sich Interessenten dadurch intensiv damit auseinandersetzen können. Die Folge: Wer Standardfragen stellt, erhält Standardantworten – erfährt aber nur wenig über den Menschen, der vor ihm sitzt.

Setzen Sie auf verhaltensnahe Beschreibungen

Ziel ist, eine verhaltensnahe Beschreibung zu erhalten

Dabei ist es eigentlich sehr einfach, an die gewünschten Informationen zu kommen: Die Fragen sollten zu möglichst verhaltensnahen Beschreibungen der Bewerber oder Bewerberinnen führen. Denn berichtetes Verhalten ist in jedem Fall die beste Basis für eine Beurteilung – unabhängig davon, ob die Antworten mit der Technik des Induktionsschlusses, des Analogieschlusses oder der Verallgemeinerung (s. Seite 80) bewertet werden. Die Technik besteht aus zwei Schritten:

1. Die Führungskraft formuliert eine Einstiegsfrage, die zunächst in den Bereich führt, über den sie etwas wissen will. Diese Fragen nennt man auch „episodische Fragen“.
2. Anschließend vertieft sie die Informationen, die der Bewerber als Antwort auf die Einstiegsfrage gegeben hat, durch sogenannte „selbstreflektorische Fragen“.

Beispiel: Fragetechniken

Eine Führungskraft interessiert sich dafür, wie eine Bewerberin mit Konflikten umgeht. Das ist deshalb interessant, weil die Kandidatin in Zukunft häufig mit emotional geladenen Situationen konfrontiert wird oder weil sie sich womöglich in ein Team integrieren soll, das in seiner Zusammensetzung nicht unkritisch ist.

Die Führungskraft stellt eine Eingangsfrage, die in das Themengebiet führt und die Bewerberin dazu bringt, zu diesem Themenbereich etwas zu berichten: „Frau Herrmann, Sie haben ja bereits ausgiebige Erfahrung in der Projekt- und Gruppenarbeit. Welche typischen Konflikte treten denn in solchen Situationen auf?"

Die Bewerberin berichtet aus ihrer Erinnerung über verschiedene Ereignisse. Weil dies noch sehr abstrakt ist, fragt der Interviewer nach: „Wie verhalten Sie sich denn in Situationen, wie Sie sie eben geschildert haben?" oder „Wie denken Sie, werden Sie von Kolleginnen und Kollegen hinsichtlich der Aspekte der Emotionalität beurteilt?" und „Was, denken Sie, können Sie hier noch lernen?"

Solche vertiefenden Fragen führen fast zwangsläufig dazu, dass die berichteten Details konkreter, greifbarer und verhaltensnäher werden. Genau diese konkreten Beschreibungen des vergangenen oder aktuellen Verhaltens sollte ein Bewerbungsgespräch ergeben.

Sinnvolle Einstiegsfragen für die verschiedenen Kompetenzen

Richtige Fragetechnik führt zu gewünschter Information

Die richtige Fragetechnik erleichtert es natürlich, möglichst konkrete Beschreibungen über vergangenes bzw. normales Verhalten vom Bewerber zu erhalten.

Kompetenz	sinnvolle episodische Einstiegsfragen
Führungskompetenz	• Aufgrund welcher Überlegungen geben Sie Aufgaben an Ihre Mitarbeiter weiter? • Wie coachen Sie Ihre Mitarbeiter? • Wie sieht ein solcher Coachingprozess bei Ihnen aus? • Wie steuern Sie Ihre Mitarbeiter? • Wie motivieren Sie Ihre Mitarbeiter? • Wie fördern Sie gezielt Ihre Mitarbeiter?
Überzeugungskraft	• Wie überzeugen Sie andere – auch gegen Widerstand – von Ihren eigenen Ideen? • Wie überzeugen Sie Kunden von Ihren Produkten? • Welche erfolgreichen Überzeugungssituationen haben Sie bisher gemeistert? • Wie bereiten Sie sich auf eine schwierige Verhandlung vor? • Warum würde man über Sie sagen, dass es Ihnen sehr gut gelingt, andere zu überzeugen?
Durchsetzungsvermögen	• Wann und wie haben Sie bereits eigene Vorstellungen gegen Widerstand durchgesetzt? • Wie sehen andere Menschen Sie hinsichtlich Kooperation versus Durchsetzung? • Wie ist es Ihrer Meinung nach möglich, auch mit geringer Durchsetzungsstärke eigene Ideen durchsetzen? • Wie verhindern Sie, dass Sie als dickköpfig wahrgenommen werden? • Wie würden Sie sich persönlich hinsichtlich Durchsetzungsstärke beschreiben?

Teamorientierung	• Welche Aufgaben bearbeiten Sie gern allein und welche lieber im Team? • Wie stehen Sie zu Projektarbeit – was sind Vorteile, was eher Nachteile? • Mit welchen Typen von Personen können Sie besonders gut zusammenarbeiten? • Warum ist das so? • Welche Erfahrungen haben Sie bereits mit Teamarbeit gemacht? • Welche Rolle nehmen Sie in der Zusammenarbeit ein? • Wie würden andere Sie im Hinblick auf Zusammenarbeit beschreiben?
Einfühlungsvermögen	• Wie würden andere Sie hinsichtlich ihres Einfühlungsvermögens beschreiben? • Was tun Sie, wenn Sie feststellen, dass Teilnehmer an einer Diskussion nicht mehr sachlich, sondern eher emotional argumentieren? • Woran erkennen Sie, dass andere sich von Ihnen verstanden fühlen? • Worauf achten Sie bei der Körpersprache Ihrer Gesprächspartner? • Warum wendet man sich bei Problemen gern an Sie?
Konfliktfähigkeit	• Wie gehen Sie mit Konflikten um? • Wie beheben Sie Konflikte im Team? • Warum wehren sich Mitarbeiter fast immer bei der Einführung von Veränderungen oder Neuerungen? • Wie sorgen Sie für eine möglichst konfliktfreie Zusammenarbeit? • Wann sind Meinungsverschiedenheiten und Konflikte zielführend? Wann nicht?
Kontaktstärke	• Wie bauen Sie in Gesprächen eine vertrauensvolle und angenehme Atmosphäre auf? • Wie sind die Beziehungen zu Ihren Arbeitskolleginnen und -kollegen? • Wie wollen Sie für Ihre Karriere wichtige Kontakte knüpfen und halten? • Wie beginnen Sie mit fremden und dennoch für Sie wichtigen Personen ein Gespräch? • Welche Freizeitinteressen haben Sie?

Beispiele für vertiefende, selbstreflektorische Fragen

Zunehmende Frageintensität verhindert, dass der Bewerber Dinge erfindet

Im zweiten Schritt gilt es, die Antworten zu vertiefen. Dafür kommen vertiefende, selbstreflektorische Fragen zum Einsatz. Im Grunde wird das Gespräch erst an dieser Stelle interessant, denn die Antwort, die die Bewerber auf die Einstiegsfragen geben, sind in der Regel nur wenig detailliert. Vertiefende Fragen hingegen zwingen den Befragten dazu, über eine Situation, über eigene Verhaltensweisen nachzudenken. Ein klug geführtes Interview zwingt einen Interviewten, konkret und verhaltensnah zu schildern.

Themenfeld	mögliche vertiefende Fragen
Lernen/Selbstreflexion	• Was haben Sie aus diesem Vorfall gelernt? • Wie würden Sie heute mit der Situation umgehen?
Persönliche Prioritäten	• Was würden Sie einem Kollegen raten, der in einer gleichen Situation steckt? • Was, denken Sie, ist zentral, wenn man eine solche Situation meistern möchte?
Wahrgenommenes Fremdbild	• Wie wurden Sie damals von Ihren Teammitgliedern wahrgenommen? • Wie hätten die anderen Beteiligten diesen Vorfall, diese Situation damals beschrieben? • Wie werden Sie denn sonst von Kollegen und Kolleginnen hinsichtlich des Aspekts X beschrieben?

Gleichen Sie die Beschreibungen mit Ihren Anforderungen ab

Sobald verhaltensnahe Beschreibungen vorliegen, ist es möglich, diese mit den Anforderungen für die zu besetzende Position abzugleichen. Idealerweise geschieht dies mithilfe eines strukturierten Interviewleitfadens, der die zu erfragenden Kriterien übersichtlich aufbereitet und mit einem einfachen Bewertungsschema koppelt.

Merkmal: Konfliktfähigkeit
Einstiegsfragen
Schildern Sie uns bitte eine berufliche Konfliktsituation, in die Sie involviert waren. • Wie sind Sie vorgegangen, um diesen Konflikt zu lösen?
Wie glauben Sie, gehen/gingen die meisten Ihrer Kollegen mit Meinungsverschiedenheiten und Konflikten um? • Was würden Sie diesen Kollegen raten, um eventuell besser mit konfliktären Situationen umzugehen?
Wann sind Meinungsverschiedenheiten und Konflikte zielführend? Wann nicht?
Wie sorgen Sie für eine möglichst konfliktfreie Zusammenarbeit?

Verhaltensanker	+	∅	-
• Lässt sich auch bei persönlichen Angriffen nicht aus dem Gleichgewicht bringen.			
• Erkennt die Vielschichtigkeit von Konflikten, z. B. die verschiedenen Ebenen, in denen Konflikte angesiedelt sein können.			
• Verfügt über verbale Strategien, in Konfliktgesprächen Probleme zu erfragen, den Standpunkt der Gegenseite zu ermitteln.			
• Erkennt die unterschiedlichen Interessen von Konfliktparteien.			
• Trägt Konflikte aus, neigt nicht zu einer Unterdrückung von Konflikten im Sinne von Harmonie.			

Durchschnittliche Gesamtbewertung	

Erläuterungen

Leitfaden

Beobachten ist besser als fragen

Genauer als das Erfragen von Informationen ist allerdings das Beobachten, wie es in Assessment-Centern geschieht. In ganztägigen Auswahlverfahren geschieht es immer wieder, dass die Kandidaten im Interview z. B. zum Thema Führung von einem völlig anderen Verhalten berichten, als später in einer Simulation gezeigt wird. Selbstbeschreibung und Fremdwahrnehmung klaffen oft weit auseinander.

Beispiel: Selbstbeschreibung und Fremdwahrnehmung

In einem Auswahlverfahren beschreibt sich ein Kandidat im anfänglichen Interview durchaus überzeugend als sehr mitarbeiterorientiert und kooperativ. Als jedoch am Nachmittag eine Simulation eines Mitarbeitergesprächs stattfand, gewinnt der Beobachter dagegen den Eindruck, dass sich der Bewerber äußerst autoritär, herrisch und kompromisslos verhält.

Solche Fremd-Selbstbild-Diskrepanz ist letztlich nur in der Beobachtung, aber nicht durch Fragen erkennbar. Das Einstellungsinterview bleibt jedoch die klassische Form der Bewerberauswahl – oftmals schon aus Kostengründen. Auch im Rahmen von Assessment-Centern findet es als einer der Bausteine statt, denn die dort vorgenommenen Übungen können ein Gespräch nicht vollständig ersetzen.

Interview kann Beobachtung nicht ersetzen

Welche Vorteile ein Assessment-Center bietet

Ähnliches gilt aber auch umgekehrt: Verhaltensweisen zu erfragen ist kein Ersatz für die konkrete Beobachtung. Damit ist ein reines Interview, verglichen mit einem Assessment-Center, in dem sowohl ein Gespräch als auch Simulationen vorkommen, weniger aussagekräftig.

Die Beobachtung in einem Assessment-Center erfolgt im Rahmen von Simulationen. In ihnen spiegeln sich Verhaltensbereiche wider, die für die zu besetzende Position relevant sind:

- Für Führungspositionen finden in der Regel analytische und strategische Fallstudien sowie Simulationen zu Mitarbeiter- und Kollegengesprächen statt.

- Bei vertriebsbezogenen Tätigkeiten werden auch alle Varianten von Kunden- und Verkaufsgesprächen sowie Präsentationsübungen getestet.
- Wenn es sich um Gruppen-Assessment-Center handelt, gibt es eine Reihe von typischen Gruppenübungen.

Abgleich mit erfragten Gesichtspunkten

Ziel der Beobachter ist, ein möglichst breites Verhaltensspektrum präsentiert zu bekommen, das einen Abgleich zwischen den Gesichtspunkten, die im Interview erfragt wurden, und den Beobachtungen möglich macht. Letztere ersetzen damit also in Teilbereichen Mutmaßungen über Verhaltensweisen, die sich dann verzerrungsfreier einschätzen lassen.

Breites Verhaltensspektrum soll präsentiert werden

Verhaltensanker objektivieren die Beobachtung

Die Beobachtung bzw. Bewertung erfolgt meist über sogenannte Verhaltensanker, die möglichst wenig Spielraum für Interpretationen bieten (s. Seite 111).

Kienbaum Expertentipp: Verhaltensanker

Durch die Definition von Verhaltensankern und ihre Beobachtung können Sie den geschilderten Erklärungstendenzen am besten entgehen. Auch steigen dadurch die Chancen, mit anderen Beobachtern zu übereinstimmenden Beschreibungen zu kommen. Beachten Sie aber, dass auch hier natürlich noch immer Interpretationsspielräume gegeben sind.

Die folgende Aufzählung zeigt einige Beispiele für Verhaltensanker, wie sie in typischen Simulationen, dies sind z. B. Mitarbeiter- und, Kollegengespräche, Gruppenübungen oder analytische Fallstudien, herangezogen werden können, um ausgewählte Dimensionen zu bewerten.

Dimension	Verhaltensanker
Durchsetzungsvermögen	• Steuert maßgeblich den Gesprächsverlauf. • Versteht es, Kritik klar zu äußern. • Lässt sich auch durch Drohungen der Gegenseite nicht von seinem taktischen Ziel abbringen. • Kann den eigenen Standpunkt überzeugend begründen. • Reagiert geschickt und selbstbewusst auf Einwände.
Konfliktfähigkeit	• Spricht Kritik offen, jedoch nicht verletzend aus. • Argumentiert sachlich, greift auch unter Stress nicht unfair an. • Erkennt Chancen zu einer Kompromissfindung und arbeitet an einer gemeinsamen Lösung. • Neigt nicht dazu, bei Konflikten vorschnell zu harmonisieren.
Präsentationskompetenz	• Tritt vor der Gruppe souverän und selbstsicher auf. • Reagiert auf Fragen, bezieht Zuhörer mit ein. • Gibt dem Vortrag eine verständliche Gliederung. • Spricht klar und deutlich, ist akustisch präsent. • Hält Blickkontakt. • Stellt Kernaussagen deutlich und einprägsam heraus.
Kontaktstärke	• Hat die Fähigkeit, schnell zwischenmenschliche Kontakte zu knüpfen; hört aufmerksam zu, interessiert sich für die Belange anderer; kann auch mit zögerlichen Gesprächspartnern ein offenes Gespräch beginnen.
Analysevermögen	• Wendet Techniken der Analyse und Entscheidungsfindung an. • Arbeitet prioritätenorientiert; erkennt auch Detailinformationen, ohne den Überblick zu verlieren. • Erkennt Vernetzungen und Abhängigkeiten zwischen den Problemfeldern.

Jeder dieser Punkte erhält im Verlauf der Simulation auf einer Skala von „positiv" bis „negativ" eine Benotung zugewiesen (s. Seite 111). Solche Verhaltensanker können noch konkreter, noch aufgabenbezogener formuliert sein – das Prinzip dahinter bleibt aber gleich: Der

Beobachter lässt sich das konkrete Vorgehen möglichst umfassend zeigen und macht an den tatsächlichen Verhaltensweisen fest, wie er die Leistung des Bewerbers bewertet.

Leistungsprofil fasst die Bewertung zusammen

Die angesprochenen Interview- und Beobachtungstechniken dienen dazu, möglichst genaue Verhaltensbeschreibungen und Verhaltensbeobachtungen zu erzeugen. Erst im nächsten Schritt werden die vorliegenden Informationen verdichtet, also bewertet. Letztlich ist das, was die Führungskraft oder der Personaler gesehen oder gehört hat, Grundlage für seine Entscheidung.

Leistungsprofil stellt Erkenntnisse grafisch dar

Es ist sinnvoll, die Werte der Beurteilung, die aus den verschiedenen Übungen gewonnen wurden, in einem Leistungsprofil zusammenzufassen. Ein solches Profil stellt die Erkenntnisse grafisch und übersichtlich dar.

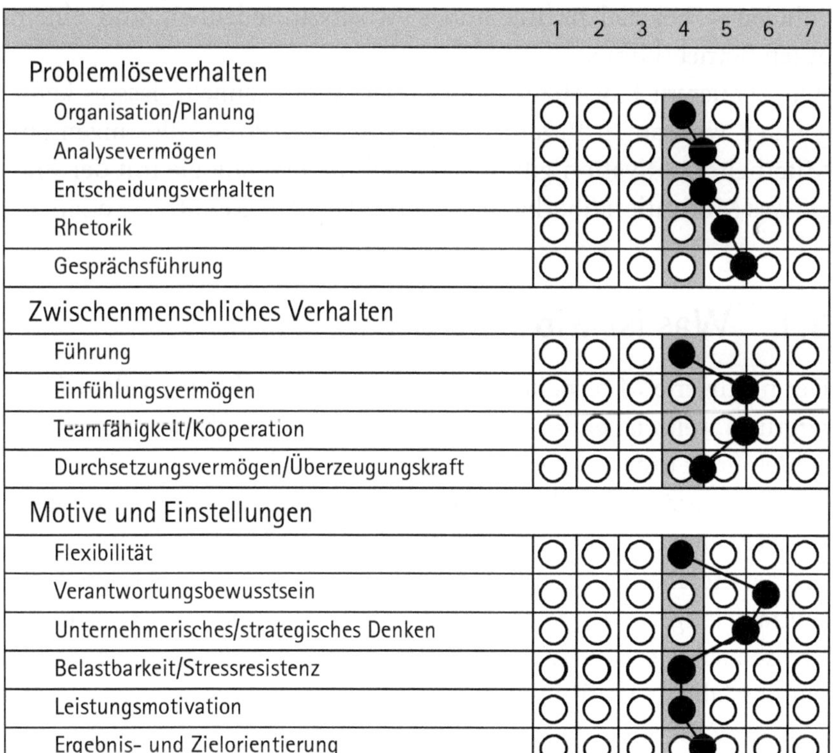

Profil

3 Die Psychologie der Motivation

Der Begriff „Motivation“ kommt im Managementalltag mittlerweile inflationär zum Einsatz. Aussagen mit eindeutigem Aufforderungscharakter wie „Motiviere dich selbst“ oder „Du musst deine Mitarbeiter besser motivieren“ begegnen dem Beobachter in den Unternehmen unausweichlich. Motivation ist zu einem Schlagwort der Managementszene geworden. Wer die Veröffentlichungen verfolgt, bemerkt bald eine Flut an Modellen, Ideen und Erklärungsansätzen. Auch in Führungskräfteseminaren erweist es sich als beliebtes Thema. Hier ist das Ziel, in zwei bis drei Tagen geeignete Motivationstechniken zu erlernen, um das Letzte aus den Mitarbeitern herauszuholen – bei gleichzeitig hoher Arbeitszufriedenheit und einem guten Betriebsklima.

Einfache Rezepte zur Mitarbeitermotivation gibt es nicht

Bei genauerem Hinsehen zeigt sich allerdings schnell, dass es keine generell wirksamen Rezepte, keine einfachen Problemlösungen zur Mitarbeitermotivation gibt. Jedoch hat die Psychologie mit der Frage, was Motivation überhaupt sei, grundlegende Kenntnisse erlangt.

3.1 Was ist Motivation?

Der motivierte Mitarbeiter rückt verstärkt, vor allem vor dem Hintergrund weitreichender Programme zur Kostenreduzierung, in den Mittelpunkt unternehmerischen Denkens und Handelns. Engagierte, leistungsfähige und -bereite Arbeitnehmer sind die Voraussetzung für ein gesundes und wettbewerbsfähiges Unternehmen.

Bei der Beschäftigung mit Motivation stellt sich damit schnell die zentrale Frage: Aus welchem Grund handelt und verhält sich ein Mensch so, wie er es tut, und nicht anders? Welche Kraft ist es, die ihn tagtäglich dazu bringt, Herausforderungen anzunehmen, Energien zur Zielerreichung zu mobilisieren und nach Misserfolgen aufzustehen und weiterzumachen? Warum ist diese Kraft bei einer Person stärker ausgeprägt, bei einer anderen schwächer?

Motivation, Motive und Anreize

Um das menschliche Verhalten zu erklären, sind zwei Variablen zu berücksichtigen:

Wie lässt sich menschliches Verhalten erklären?

1. die Person mit ihren Bedürfnissen und Zielen,
2. die Situation, d. h. die bestehenden Rahmenbedingungen, die zum Handeln oder Unterlassen auffordern.

Erst das Zusammenspiel von Motiven, die in einer Person liegen, und von Anreizen, die sich aus der jeweiligen Situation herleiten, führt zu einem bestimmten Verhalten. Alles, was Menschen tun oder lassen, geht auf diese Wechselwirkung von Person und Situation, von Motiv und Anreiz zurück.

Beispiel: Wechselspiel Anreiz und Motiv

Ein Mitarbeiter hat das Ziel, eine leitende Funktion im Unternehmen zu erreichen, um damit sein Statusstreben zu befriedigen. Seine Kräfte und Energien wird er allerdings erst dann investieren, wenn aus seiner persönlichen Sicht auch Aufstiegsmöglichkeiten gegeben sind.

Was sind Motive und Anreize?

Die Psychologie fasst die Motive und die auslösenden Situationsmerkmale, die gemeinsam die Handlung ausmachen, das individuelle Verhalten aktivieren, richten und steuern, unter dem Begriff „Motivation“ zusammen.

Unterschied zwischen Motiv und Anreiz

- Motive sind die Beweggründe und Antriebskräfte des menschlichen Handelns. Sie bilden den inneren Motor, der jemanden dazu antreibt, Leistung zu erbringen und angestrebte Ziele zu erreichen. Bei ihnen handelt es sich um den Ausdruck individueller Wertungs- und Verhaltensdispositionen, daher sind sie von Person zu Person verschieden.
- Anreize dagegen sind situative Bedingungen, die individuelle Motive so anregen, dass es zum Handeln kommt. Darunter fallen die Merkmale der äußeren Situation, im beruflichen Umfeld also die Rahmenbedingungen der Arbeit, z. B. das Betriebsklima oder das Führungsverhalten des Chefs. Entscheidend dafür, ob ein Motiv angeregt wird oder nicht, ist jedoch,

wie die betreffende Person die Situationsmerkmale subjektiv wahrnimmt und bewertet.

Wie wird Verhalten ausgelöst?

Motivation kann als Prozess gesehen werden

Der Begriff Motivation umfasst einen Prozess, der damit beginnt, dass nicht voll befriedigte Bedürfnisse und Motive vorliegen. Dies ist der Versuch zu erklären, warum und wie ein Verhalten entsteht, woher seine Energie stammt und warum es auf ein bestimmtes Ziel gerichtet ist, das sich als mehr oder weniger befriedigend erweisen kann.

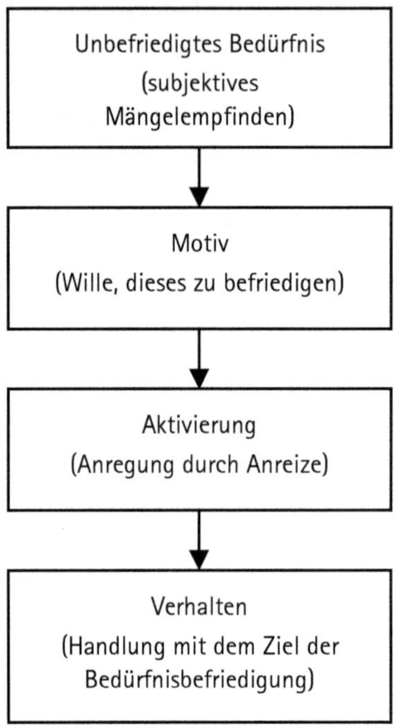

Der Motivationsprozess

Stärke und Richtung des Motivationsprozesses

Ist der Motivationsprozess in Gang gesetzt, lassen sich die Richtung, Stärke und Ausdauer des menschlichen Verhaltens unterscheiden. Sie bestimmen, welche Handlungen ein Mensch tatsächlich vornimmt, wie viel Energie er bereit ist, in das jeweilige Vorgehen zu investieren, und ob er bei Widerständen aufgibt oder sein Ziel weiter verfolgt.

Richtung	Stärke	Ausdauer
Abwägen von Handlungsalternativen, Entscheidung für ein bestimmtes Verhalten	Intensität des Verhaltens, Ausmaß der investierten Kraft und Energie	Beharrlichkeit, mit der das Ziel trotz Widerstände angestrebt wird

Jeder Mensch will tätig sein

Die Unterscheidung zwischen allgemeiner und spezifischer Motivation beantwortet die Frage, inwieweit jemand überhaupt motiviert bzw. motivierbar ist.

Wie motiviert und motivierbar ist ein Mensch?

Was ist die allgemeine Motivation?

Jeder Mensch besitzt grundsätzlich eine bestimmte Kraft, Energie und Willensstärke, etwas zu tun und zu erreichen. Nahezu von Geburt an sucht er aus innerem Antrieb heraus die Gelegenheit zum Handeln: Er entdeckt die Vielfalt der Welt mit all seinen Sinnen. Anderenfalls wäre jeder Mensch im Normalzustand inaktiv, unfähig und unwillig zur Bewegung, bis dieser Zustand durch äußere Zwänge unterbrochen wird. Schon das Wort „Motivation“ bringt diese Tatsache zum Ausdruck. Es leitet sich von dem lateinischen Begriff „movere“ her, auf Deutsch „bewegen“.
Dieser innere Antrieb, etwas zu gestalten und zu bewirken, wird als allgemeine Motivation bezeichnet.

Wo verwirklicht sich die spezifische Motivation?

Jeder Mensch bewegt sich also und will etwas bewegen– nur Intensität, Schnelligkeit und Richtung sind individuell verschieden. Wie stark diese Faktoren jeweils ausgeprägt sind, hängt situativ von den individuellen Interessen und Bedürfnissen ab.

In welchen Feldern engagiert sich jemand?

Diese Fähigkeit, die eigenen Kräfte auf ein bestimmtes Ziel hin auszurichten, bezeichnet man als spezifische Motivation. Energie, Kraft und Ausdauer investiert ein Mensch jedoch nur dann, wenn dieses Ziel für ihn subjektiv bedeutsam ist.

Beispiel: Unterschiedliche Intensität der Motivation

Klaus Gerdig ist ein scheinbar unmotivierter Mitarbeiter, der seine Tätigkeit nur lustlos verrichtet. Er signalisiert wenig Interesse für seine Aufgaben und beendet jeden Tag überaus pünktlich seine Arbeit.

Gleichzeitig weiß sein Vorgesetzter, dass Herr Gerdig ein sehr aktives Mitglied in einem Verein ein. Seine Energien investiert er primär in seine Freizeitgestaltung und nicht in seine beruflichen Aufgaben.

Das Beispiel zeigt, dass die Schaffenskraft, der Wille etwas zu bewegen, grundsätzlich vorhanden ist. Er hat sich in der Freizeitaktivität ein Thema gesucht, bei dem er sich entfalten kann und das eine hohe subjektive Bedeutung für ihn besitzt. Offensichtlich befriedigt das Engagement im Verein Bedürfnisse, die im Berufsleben unerfüllt bleiben.

Kienbaum Expertentipp: Was motiviert Ihre Mitarbeiter?

Es gehört zu Ihren zentralen Aufgaben als Führungskraft, die Frage zu klären, welche Beweggründe, Motive, Bedürfnisse und Ziele Ihre Mitarbeiter zum Handeln bewegen. Was bewegt sie dazu, Leistung zu bringen? Oder aus einem anderen Blickwinkel: Welche Rahmenbedingungen müssen Sie ihnen bieten und wie sollte die Arbeit organisiert sein, damit sie Freude macht?

Intrinsische versus extrinsische Motivation

Geld schießt keine Tore.

Otto Rehhagel

Ausgehend von den Begriffen „Anreiz“ und „Motiv“ (s. Seite 117) lassen sich die intrinsische und die extrinsische Motivation unterscheiden.

Merkmale der intrinsischen Motivation

Was bedeutet intrinsische Motivation?

Intrinsische Motivation bedeutet, dass die Arbeit in sich selbst belohnend ist. Diese Form der Motivation wird durch bestimmte Motive und Bedürfnisse angeregt, deren Befriedigung angestrebt wird. Intrinsische Motivation betont die Rolle innerer Kräfte als Motor für ein bestimmtes Verhalten. So lässt sich spekulieren, dass neugierige Menschen gern Sachbücher lesen oder Dokumentationen ansehen, während Menschen mit einem starken Bedürfnis nach Ordnung und Bewahrung am liebsten Briefmarken sammeln.

Was die extrinsische Motivation auszeichnet

Belohnung von außen bestimmt extrinsische Motivation

Bei der extrinsischen Motivation ist die Arbeit an sich nicht selbst belohnend, sondern wird von außen belohnt. Externe Faktoren regen diese Form der Motivation an, etwa das Arbeitsklima oder das Gehalt. Damit konzentriert sich die extrinsische Motivation auf die Umwelt und ihre Anreize, d. h., Tätigkeiten werden nur als Mittel zum Zweck ausgeübt.

Welche Wirkung extrinsische und intrinsische Motivation haben

Intrinsische und extrinsische Motivation schließen sich nicht notwendigerweise aus, d. h. auch wenn jemand für seine berufliche Tätigkeit entlohnt wird, kann er intrinsisch motiviert sein. Mitarbeiter arbeiten aber dann am effektivsten, wenn sie intrinsisch motiviert sind. Dennoch richtet sich der Fokus bei der Mitarbeiterführung meist ausschließlich auf extrinsische Motivatoren wie Geld, Incentives etc. Das aber zerstört langfristig die intrinsische Motivation.

Kienbaum Expertentipp: Intrinsische Motivation fördern

Extrinsische Motivatoren bleiben unverzichtbar, um z. B. den Lebensunterhalt und den gewählten Lebensstandard zu sichern. Sie sollten sie aber unbedingt um intrinsische Anreizsysteme ergänzen. Nutzen Sie die Gespräche mit Ihren Mitarbeitern, um deren individuelle Bedürfnisse und Motive zu erfahren. Erst wenn es Ihnen gelingt, die beiden Facetten auszubalancieren, erzeugen Sie die Leistungsmotivation, die in Unternehmen gewünscht und gefordert ist.

3.2 Welche Bedürfnisse hat der Mensch?

Das Gefühl des Mangels

Bedürfnisse sind das Gefühl eines Mangels und der starke Wunsch, diesen Mangel zu beseitigen. Menschen investieren Kräfte und setzen Energien frei, um ihre individuellen Bedürfnisse zu befriedigen. Die sogenannten Inhaltstheorien der Motivation versuchen, die menschlichen Bedürfnisse zu klassifizieren.

Die Bedürfnispyramide nach Maslow

Der amerikanische Psychologe Abraham Maslow stellte in den 50er Jahren des letzten Jahrhunderts die Vielschichtigkeit der menschlichen Bedürfnisse in einem einfachen, leicht verständlichen und praxisrelevanten Modell dar. Er unterscheidet fünf Bedürfnisklassen, die hierarchisch aufeinander aufbauen:

Unterscheidung in fünf Bedürfnisklassen

- physiologische Bedürfnisse (z. B. nach Nahrung, Schlaf),
- Sicherheits- und Schutzbedürfnisse (z. B. nach Vorsorge, Schutz, Gesundheit)
- soziale Bedürfnisse (z. B. nach Kontakt, Gruppenzugehörigkeit, Geborgenheit)
- Ich-bezogene Bedürfnisse (z. B. nach Anerkennung, Wertschätzung, Selbstachtung, Status)
- Bedürfnis nach Selbstverwirklichung (z. B. durch Selbstentfaltung, Autonomie, Realisierung eigener Fähigkeiten und Möglichkeiten)

Reihenfolge der Bedürfnisbefriedigung

Bedürfnisse bauen hierarchisch aufeinander auf

Maslow geht davon aus, dass zuerst die Bedürfnisse einer niedrigeren Stufe befriedigt sein müssen, bevor der Mensch zur nächsthöheren Qualität strebt. Diese Grundannahme spiegelt sich in vielen Situationen wider. Menschen in den heutigen Entwicklungsstaaten ist es weniger wichtig, dem Streben nach Statussymbolen zu entsprechen, wie dies im westlichen Denken verankert ist. Viele kämpfen ums Überleben und wenn das gesichert ist, haben sie den Wunsch, sich ein Dach über dem Kopf zu suchen. In den Industriestaaten hingegen ist es fast zur Selbstverständlichkeit geworden, dass vor dem Hintergrund eines gut ausgebauten sozialen Netzes die physiologischen Bedürfnisse befriedigt sind.

Abweichungen von der Reihenfolge

Das hierarchische Prinzip von Maslow gilt jedoch nicht uneingeschränkt. Es gibt Situationen, in denen sein Ansatz einer dynamischen Bedürfnisbefriedigung nicht gilt: Der erfolglose Künstler konzentriert sich in hohem Maße auf die eigene Selbstverwirklichung und Selbstentfaltung, auch wenn seine physiologischen Bedürfnisse angesichts der brotlosen Kunst zu kurz kommen.

Hintergrund ist eine weitere Klassifizierung, die bei den Bedürfnissen vorgenommen werden kann: jene nach Defizit- und Wachstumsmotiven. Klassifizierung von Defizit- und Wachstumsbedürfnissen

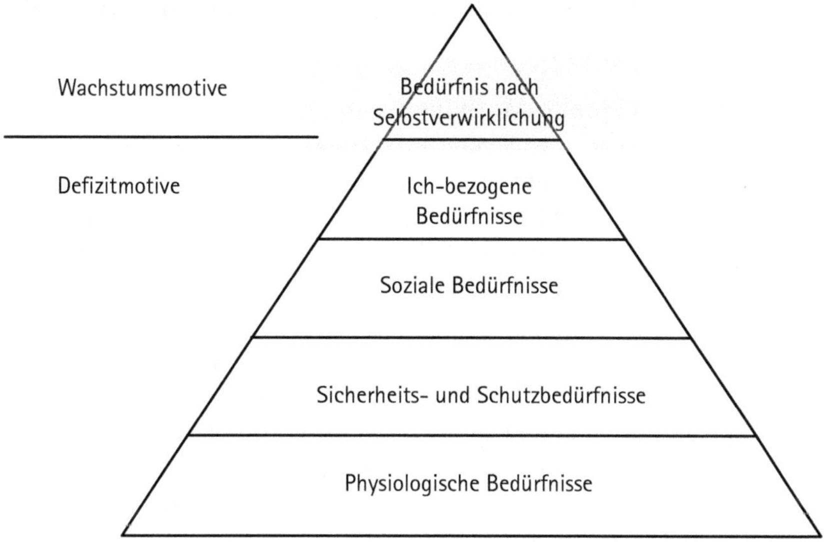

Die Bedürfnispyramide von Maslow

Was sind Defizit- und Wachstumsmotive?

Defizitmotive sind hierarchisch untergeordnete Motive. Ist ein Mensch nicht in der Lage, sie zu befriedigen, verringert sich sein Wohlbefinden und damit seine Zufriedenheit. Allerdings gilt der Umkehrschluss nicht – sind die Mängelbedürfnisse erfüllt, führt dies nicht etwa zu einer hohen Zufriedenheit. Vielmehr strebt er dann die Befriedigung seiner Wachstumsbedürfnisse an. Sie repräsentieren das Verlangen des Menschen nach Verwirklichung seiner selbst. Im Mittelpunkt steht dann, innere Reife zu erlangen, sich im Beruf und in der Freizeit zu entfalten. Im beruflichen Kontext bedeutet, auf einem höheren Bedürfnisniveau zu leben, eine insgesamt hohe Zufriedenheit. Sind die Wachstumsmotive befriedigt, erlangt die betreffende Person inneres Glück und Zufriedenheit. Nicht erfüllte Defizitmotive führen zu Unzufriedenheit

Wie Sie die Motivlage Ihrer Mitarbeiter für Ihre Führungsarbeit nutzen können

Das Anreizsystem richtig gestalten

Weil jeder Mensch von anderen Motiven geleitet wird, ist es für Führungskräfte wichtig, diese individuelle Motivlage jeweils zu kennen. Sie sollten Informationen sammeln, um bedürfnisgerechte Anreize zu gestalten und Fehlinvestitionen in unwirksame Motivationsmittel zu vermeiden.

Beispiel: Individuelle Motivlage

Ein Berufseinsteiger erhält zunächst ein relativ niedriges Gehalt, hat aber gleichzeitig hohe finanzielle Bedürfnisse, um seine Wohnung einzurichten und sich neu einzukleiden. Eine sukzessive, gerechtfertigte Gehaltssteigerung wird als Motivationsfaktor damit viel wirksamer sein als die Aussicht auf mehr Gestaltungsspielraum in seiner Tätigkeit.

Als Analyseinstrumente kommen Mitarbeiterbefragungen oder Mitarbeitergespräche infrage. Bei letzteren sollten die Bedürfnisse und die Möglichkeiten, sie zu befriedigen, konkret angesprochen werden.

Zunächst Defizitbedürfnisse befriedigen

Um Unzufriedenheit bei den Mitarbeitern zu verhindern, gilt es, zunächst die Defizitbedürfnisse zu befriedigen. Das bildet die Basis für persönliches Wachstum. Wenn die Defizitmotive hinreichend erfüllt sind, sollte sich der Vorgesetzte auf die Wachstumsbedürfnisse konzentrieren und seinen Mitarbeitern die Verwirklichung eigener Ideen, Wünsche und Vorstellungen im Beruf ermöglichen. Ein solches Vorgehen führt zu deutlichen Motivationsschüben und damit zu einer nachhaltigen Leistungssteigerung.

Zwei-Faktoren-Theorie der Arbeitsmotivation

Ein anderes Konzept, das ebenfalls zu den Inhaltstheorien der Motivation zählt, unterstützt die Annahmen, die Maslow aus der Bedürfnishierarchie abgeleitet hat. Es handelt sich um die Zwei-Faktoren-Theorie des amerikanischen Motivationsspezialisten Frederick W. Herzberg. Er hat in vielen Befragungen die Punkte, die die Arbeitszufriedenheit bzw. die Arbeitsmotivation von Mitarbeitern beeinflussen, untersucht. Herzberg benutzte dabei die Critical Incident Technique – die Methode der kritischen Ereignisse. Dabei sollten die Mitarbeiter Arbeitssituationen erläutern, in denen sie besonders zufrieden oder unzufrieden waren. Auf der Basis der gewonnenen Ergebnisse hat Herzberg 1959 ein Kategoriensystem entwickelt, das zwei Faktoren unterscheidet: Hygienefaktoren und Motivatoren.

Was sind Hygienefaktoren?

Hygienefaktoren sind Arbeitsbedingungen, deren negative Ausprägung bzw. Verschlechterung beim Mitarbeiter zur Unzufriedenheit mit der Arbeit führt. Sind diese vorhanden, ist der Mitarbeiter zwar nicht mehr unzufrieden, aber auch nicht motiviert, denn die Verbesserung der Hygienefaktoren wird als selbstverständlich angesehen. Die wichtigsten Hygienefaktoren, auch Unzufriedenheitsvermeider oder Stabilitätsfaktoren genannt, sind:

Hygienefaktoren sind Unzufriedenheitsvermeider

- anforderungs- und leistungsgerechtes Gehalt,
- kollegiale Beziehungen am Arbeitsplatz,
- Gewährleistung von Information und Kommunikation,
- angemessene Arbeitsplatzgestaltung und -ausstattung,
- Arbeitsplatzsicherheit,
- fortschrittliche Sozialleistungen,
- angemessener sozialer und persönlicher Status.

Was sind Motivatoren?

Motivatoren dagegen sind jene Bedingungen, die Zufriedenheit bei dem Mitarbeiter schaffen. Sie heißen daher auch Zufriedenheitserreger oder Anspornfaktoren. Die wichtigsten Motivatoren sind:

Motivatoren schaffen Zufriedenheit

- erbrachte Leistungen und Erfolge,
- Anerkennung, Lob und Wertschätzung,
- Übernahme von Verantwortung,
- herausfordernde Tätigkeiten,
- Aufstiegs- und Karrieremöglichkeiten,
- Ausbildungschancen und Lernerfolge.

Der Unterschied zwischen Hygienefaktoren und Motivatoren

Der Unterscheidung von Motivatoren und Hygienefaktoren liegen folgende zwei Feststellungen zugrunde: Das Gegenteil von Unzufriedenheit ist Nicht-Unzufriedenheit. Das Gegenteil von Zufriedenheit ist Nicht-Zufriedenheit.

Das bedeutet, Arbeitszufriedenheit und Arbeitsunzufriedenheit sind nicht zwei Seiten einer Medaille, sondern als zwei voneinander völlig unabhängige Dimensionen zu betrachten: Es gibt Arbeitsbedingungen, die vermeiden, dass Unzufriedenheit beim Mitarbeiter entsteht, die Hygienefaktoren. Und es gibt Faktoren, die Zufriedenheit und damit Motivation schaffen, die Motivatoren.

Erfüllte Hygienefaktoren führen zunächst zu Dienst nach Vorschrift

Sind die Hygienefaktoren für einen Mitarbeiter erfüllt, bedeutet das noch nicht, dass er zufrieden mit seiner Arbeit und dem Umfeld ist. Unter diesen Bedingungen tut er wahrscheinlich nur das, was man von ihm erwartet bzw. fordert. Er leistet Dienst nach Vorschrift, aber er „brennt" nicht für seine Aufgabe.

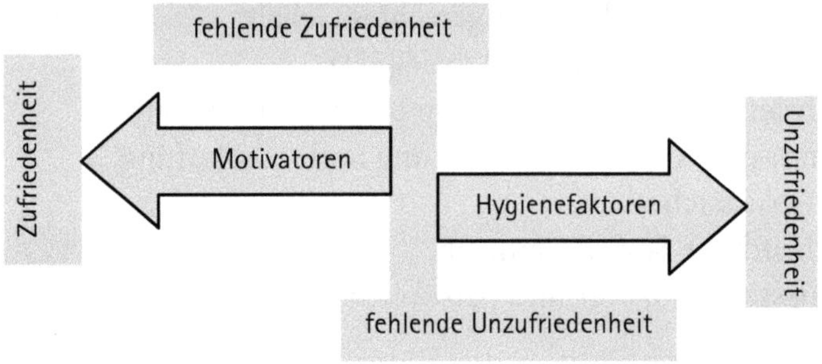

Herzbergs Zwei-Faktoren-Theorie

Basierend auf den bisherigen Schilderungen ist folgende Unterscheidung äußerst wichtig:

- Nicht erfüllte Hygienefaktoren verhindern die Normalleistung, also Dienst nach Vorschrift.
- Erfüllte Motivatoren steigern die Leistung über die Normalleistung hinaus, d. h. sie motivieren den Mitarbeiter.
- Fehlen die Motivatoren, kann Zufriedenheit nicht durch Hygienefaktoren kompensiert werden.

Kienbaum Expertentipp: Setzen Sie Motivatoren ein

Versuchen Sie nicht, Ihre Mitarbeiter mit Hygienefaktoren zu motivieren. Konzentrieren Sie sich besser auf den gezielten Einsatz von Motivatoren. Besonders wichtig sind authentische Anerkennung und Wertschätzung. Erhöhen Sie den Grad an Selbstständigkeit und Verantwortung Ihrer Mitarbeiter, z. B. mittels Delegation und Job-Enrichment.

Zudem machen Sie sich bewusst: Nicht alle Motivationsangebote führen zur langfristigen Leistungssteigerung. Das generalisierende Motivationskonzept gibt es nicht.

Welche Möglichkeiten zur Bedürfnisbefriedigung bestehen

Abhängig von der jeweiligen Bedürfnisstufe gibt es verschiedene Möglichkeiten, motivierende Anreize bereitzustellen.

Anreiz je nach Bedürfnisstufe

	Bedürfnisse	Anreizmöglichkeiten
Defizitmotive bzw. Hygienefaktoren	Physiologische Bedürfnisse (Essen, Trinken, Schlaf, Sexualität, Entspannung)	Lohn- und Gehaltsregelungen Arbeitsplatzgestaltung (z. B. ergonomische Bürostühle) Kantinenessen Urlaub und Erholung
	Sicherheits- und Schutzbedürfnisse (Ruhe, Vorsorge, Schutz, Stabilität, Unversehrtheit)	Betriebliche Sozialleistungen (zusätzliche Altersversorgung, Versicherungen aller Art) Maßnahmen zur Gesundheitsförderung (Rückenschulen etc.) Vorsorgeuntersuchungen Arbeitsplatzsicherheit bzw. Outplacement-Beratung
	Soziale Bedürfnisse (Zugehörigkeit, zwischenmenschlicher Kontakt, Integration)	Unternehmenskultur Job-Sharing Job-Rotation Projektarbeiten Gutes Betriebsklima (angenehme Kollegen, Möglichkeit zur Kommunikation etc.) Gruppendynamische Veranstaltungen, Betriebsfeste Arbeitszeitflexibilisierung (z. B. Vertrauensarbeitszeit) Kontinuierliche Mitarbeitergespräche

Wachstumsmotive bzw. Motivatoren	Ich-bezogene Bedürfnisse (Anerkennung, Wertschätzung anderer, Selbst- und Fremdbestätigung, persönlicher und sozialer Status)	Offene und konstruktive Feedback-Kultur Auszeichnungen für besondere Leistungen Lob und Anerkennung in angemessenem Maß Partizipation und Einbindung in Entscheidungsfindungsprozesse Statussymbole (Visitenkarten, Firmenwagen, Einzelbüro etc.) Innerbetriebliches Ansehen der ausgeübten Tätigkeit Aufstiegschancen und Karrieremodelle
	Bedürfnis nach Selbstverwirklichung (innere Reife, Selbstentfaltung, Realisierung eigener Fähigkeiten, Unabhängigkeit)	Abwechslungsreiche Arbeitsaufgaben Job-Enrichment Erweiterung des Gestaltungsspielraums Erweiterung des Handlungs- und Entscheidungsspielraums Betriebliches Vorschlagswesen Mitarbeiterbeurteilungssysteme sowie gezielte Mitarbeiterförderung und -entwicklung (Weiterbildungen, Seminare etc.) Aufstiegschancen und Karrieremodelle Arbeitszeitflexibilisierung (z. B. Vertrauensarbeitszeit) Expatriate Programme Work-Life-Balance-Konzepte (wie z. B. firmeninternes Fitnessstudio)

3.3 Motivation als Prozess

Prozesstheorien fragen nach den gedanklichen Abläufen

Prozesstheorien der Motivation konzentrieren sich auf die Frage, wie aus bestimmten Bedürfnissen oder Werten Handlungen werden. Sie beschäftigen sich also damit, wie die Motivation abläuft. Im Unterschied zu den Bedürfnistheorien stehen hier Kognitionen, d. h. gedankliche Abläufe und ihre Bedeutung für zielorientiertes Leistungsverhalten, im Mittelpunkt. Welche Kriterien wägt der Mensch bewusst oder unbewusst ab, bevor er sich für eine der möglichen Handlungsalternativen entscheidet?

Was das Handeln des Menschen beeinflusst

Der kanadische Psychologie-Professor Victor Harold Vroom benennt in seiner VIE-Theorie drei Faktoren, die das Handeln eines Menschen – also auch seine Leistungsbereitschaft – beeinflussen: Valenz, Erwartung und Instrumentalität.

VIE-Theorie von Vroom

Welchen Wert weist der Mensch einem Umstand zu?

Valenz, übersetzt Wert, meint in Anlehnung an psychologische bzw. soziologische Definitionen die subjektive Wertigkeit, die ein Individuum einem Zustand gibt. Mit anderen Worten: Valenz gibt den Grad an, in dem ein bestimmter Zustand für ein Individuum erstrebenswert ist.

Was bedeutet Valenz?

- Negative Valenz bedeutet demnach, dass es für den Menschen erstrebenswert ist, den Zustand zu vermeiden.
- Eine Valenz von Null signalisiert Gleichgültigkeit gegenüber dem Zustand.
- Ist die Valenz positiv, so hält das Individuum den Zustand für erstrebenswert.

Wie wahrscheinlich ist ein Ergebnis?

Bevor ein Mensch handelt, schätzt er – bewusst oder unbewusst – ein, wie groß die Wahrscheinlichkeit ist, dass ein bestimmtes Ergebnis infolge einer Handlung eintritt.

Was bedeutet Erwartung?

Welche Folgen hat das Ergebnis?

Als letzten Punkt betrachtet der Mensch die Wahrscheinlichkeit, dass ein Ergebnis einer Handlung bestimmte Folgen nach sich zieht. Dies wird durch den Begriff „Instrumentalität“ umschrieben.

Was bedeutet Instrumentalität?

Die Faktoren Valenz, Ergebnis und Instrumentalität sind logisch miteinander verknüpft. Die individuelle Bereitschaft eines Mitarbeiters, also seine Motivation, in eine bestimmte Handlung Kraft und Energie zu investieren, hängt von der Wahrscheinlichkeit ab, dass er ein bestimmtes Ergebnis erzielen kann, sowie davon, welche subjektive Wertigkeit die Folgen und Konsequenzen dieser Handlung für den Mitarbeiter besitzen.

Beispiel: Wert und Erwartung

Eine Führungskraft möchte, dass sich ihr Mitarbeiter neben seiner bisherigen Arbeit in einem Projekt engagiert. Dafür verspricht sie ihm eine Gehaltserhöhung. Ob bzw. in welchem Grad sich der Mitarbeiter für die Projektarbeit einsetzt, ist von folgenden Fragen abhängig:

- Wie wahrscheinlich ist, dass ein bestimmtes Ereignis eintritt (z. B., dass die Beteiligung am Projekt tatsächlich zu einer Gehaltserhöhung führt)?
- Wie bewertet der Mitarbeiter dieses Ergebnis und dessen Folgen (z. B. Wie beurteilt der Mitarbeiter die Gehaltserhöhung)? Besitzt die Gehaltserhöhung für ihn eine hohe Valenz, wird er sich am Projekt beteiligen.

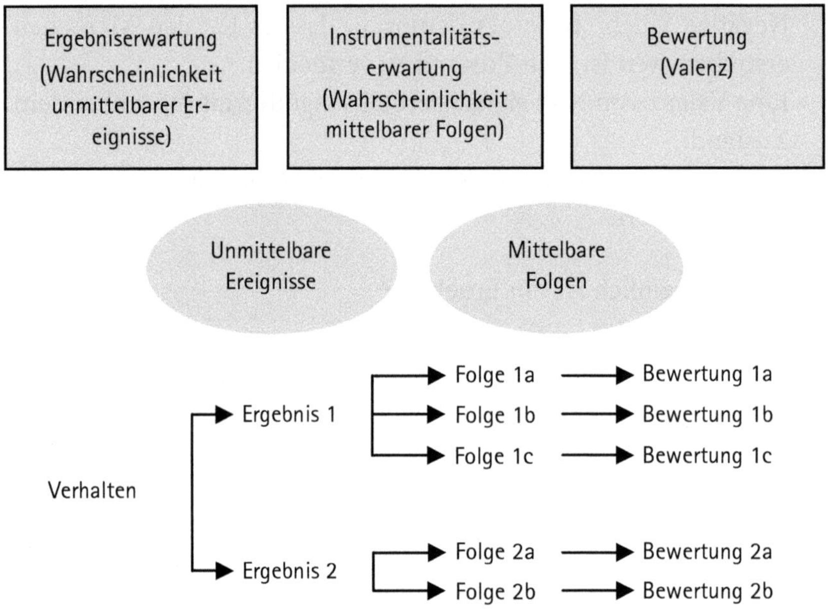

Motivation als Produkt von Erwartungen und Werten

Motivation = $\sum$ (Bewertung x Instrumentalitätserwartung x Ergebniserwartung)

Wert-Erwartungs-Ansatz der Motivation: Vrooms VIE-Theorie

Innere Prozesse beim Motivationsprozess

Die Motivation eines Mitarbeiters ist stark, wenn:

Wann ist eine hohe Motivation zu erwarten?

1. die Wahrscheinlichkeit hoch ist, dass die eigene Handlung zu den gewünschten Ergebnissen führt,
2. das Handlungsergebnis selbst in direkter instrumenteller Beziehung zu wichtigen Handlungsfolgen steht,
3. die Handlungsfolgen von großer Wertigkeit (Valenz) sind.

Beispiel: Überlegungen im Motivationsprozess

Der Mitarbeiter Lars Kublik hat in den letzten beiden Jahren kontinuierlich sehr gute Leistungen erbracht. Entsprechend der Aufstiegspolitik vieler Unternehmen wird ihm die Leitung einer neuen Abteilung angeboten. Folgende kognitive Bewertungsprozesse laufen in Kublik ab:

1. „Wie hoch ist meine Erwartung, in der neuen Position erfolgreich zu sein?" Kublik reflektiert seine eigenen Fähigkeiten und Fertigkeiten sowie seine bisherigen Erfahrungen in vergleichbaren Situationen. Traut er sich eine Führungsverantwortung mit den damit verbundenen Aufgaben zu?
2. „Welche Folgen zieht es nach sich, wenn ich die neue Position übernehme?" Einerseits resultieren positive Folgen aus der Entscheidung für die Position, wie bessere Bezahlung, mehr Ansehen und Anerkennung im Unternehmen. Andererseits bedeutet vermutlich die neue Position eine erhebliche Einschränkung der Freizeit und damit weniger Zeit fürs Familienleben.
3. „Welche der Handlungsfolgen besitzen für mich eine hohe subjektive Wertigkeit?" Oder anders gefragt: Liegen die höheren Prioritäten von Lars Kublik zum gegenwärtigen Zeitpunkt mehr bei seinem beruflichen Erfolg oder seiner Freizeit und Familie?

Wenn nach diesen Bewertungsprozessen eine hohe Erwartung besteht, dass die neue Position erfolgreich bewältigt wird, und die Position gleichzeitig hoch bewertet wird – in jedem Fall höher, als die aktuelle Aufgabe – wird sich Kublik für die neue Herausforderung entscheiden.

Verhalten wird verständlicher

Der entscheidende Vorteil der Prozesstheorien der Motivation ist, dass sie sich näher am tatsächlichen Verhalten bewegen als die Inhaltstheorien. Sie können z. B. erklären, warum ein hoch bewertetes Verhalten unter Umständen nicht ausgeführt wird. Das könnte z. B.

bedeuten, dass ein anderes Verhalten noch höher bewertet wird oder dass die Erfolgserwartung zu klein ist.

Wie werden Informationen bearbeitet?

Attributionstheorien im Motivationskontext

Der Abschnitt „Interpretieren Sie Informationen richtig“ (s. Seite 88) beschäftigte sich schon mit Attributionstheorien, also mit der Frage, wem Erfolge oder Misserfolge zugeschrieben werden. Sie spielen auch im Motivationsprozess als weiteres kognitives Konzept eine wichtige Rolle.

Wie nehmen wir Erfolge wahr?

Locus of Control und zeitliche Stabilität

Menschen lassen sich dadurch unterscheiden, wie sie Erfolge und Misserfolge wahrnehmen. Es gibt zwei Dimensionen, die in Bezug auf die subjektiv wahrgenommenen Ursachen von Leistungsergebnissen relevant sind:

- Der Ort der Verursachung oder Locus of Control:
  - internal („Ich habe selbst alles unter Kontrolle“) oder
  - external („Ich bin Opfer der Situation“),
- die zeitliche Stabilität der Kontrollzuschreibung:
  - stabil oder
  - instabil.

Zeitliche Stabilität	Ort der Verursachung	
	in der Person (internal)	in den Umständen (external)
stabil	eigene Begabung und Fähigkeit	Aufgabenschwierigkeit
instabil	eigene Anstrengung (Stimmung, Müdigkeit, Krankheit)	Zufall

Wer ist verantwortlich?

Eigene Verantwortung oder Schicksal?

Die Kontrollüberzeugung, über die ein Mensch verfügt, bestimmt, welche Ursache er für die Konsequenzen seines eigenen Verhaltens verantwortlich macht.

- Bei der internalen Kontrollüberzeugung schreibt er die Ursache für entsprechende Verhaltenskonsequenzen dem eigenen Verhalten bzw. der eigenen Fähigkeit zu.
- Bei der externalen Kontrollüberzeugung liegt die Ursache für Verhaltenskonsequenzen außerhalb der eigenen Einflussmöglichkeiten. Sie wird z. B. auf Zufall, Glück oder Schicksal zurückgeführt.

Was Optimisten von Pessimisten unterscheidet

Es ist möglich, Menschen aufgrund dieser unterschiedlichen Kontrollüberzeugungen als Optimisten oder Pessimisten zu typologisieren:

Was Optimisten und Pessimisten unterscheidet

- *Optimisten* schreiben ihre Erfolge der eigenen Begabung, also ihren Persönlichkeitsmerkmalen zu, während sie für Misserfolge externe Umstände wie z. B. Arbeitsbedingungen oder die Marktsituation verantwortlich machen. Misserfolge werden als ein zufälliges Geschehen, als momentanes Pech, das aber eher die Ausnahme bildet, interpretiert.
- *Pessimisten* dagegen neigen dazu, Misserfolge mit stabil-internalen Faktoren wie mangelnde Fähigkeiten und Begabung zu erklären, während Erfolge eher als zufällige Ereignisse, die aufgrund besonders günstiger Arbeitssituationen eingetreten sind, bewertet werden.

Kienbaum Expertentipp: Umgang mit den Typen

Optimisten verfügen über ein hohes Maß an Selbstvertrauen in eigene Kompetenzen, neigen gleichzeitig aber auch zur Selbstüberschätzung. Sie haben Mühe, Misserfolge auf mangelnde Fähigkeit oder Anstrengung zurückzuführen. Ihre Aufgabe als Führungskraft sollte es sein, durch systematische Feedback-Prozesse dem Mitarbeiter zu einer realistischeren Selbstwahrnehmung und Ergebnisbewertung zu verhelfen.

Umgekehrt haben Pessimisten Zweifel an ihren eigenen Fähigkeiten. Die geringe Erfolgszuversicht ist oft auf mangelndes Selbstvertrauen zurückzuführen. Als Führungskraft sollten Sie versuchen, bei Ihrem Mitarbeiter das notwendige Vertrauen in das eigene Können systematisch aufzubauen, indem Sie für ihn spürbare kleinere Erfolgserlebnisse schaffen, die als Konsequenz der eigenen Begabung hervorgehoben werden.

Erziehung vermittelt die Leistungsmotive

Basis wird in Kindheit gelegt

Natürlich gibt es auch Menschen, bei denen der Locus of Control nicht so ausgeprägt ist. Sie sehen die Ursache für Verhaltenskonsequenzen in äußeren Umständen oder in den eigenen Fähigkeiten begründet, je nach Situation. Wie und in welchem Maß der Locus of Control ausgeprägt ist, wird zum großen Teil durch die Erziehung vermittelt.

Beispiel: Sozialisation von Leistungsmotiven

Ein kleiner Junge kommt mit einer schlechten Note aus der Schule nach Hause. Seinen Eltern berichtet er entschuldigend, dass der Lehrer die Aufgaben gar nicht richtig erklärt habe, er außerdem noch von der vorherigen Sportstunde erschöpft und die Hitze im Klassenraum unerträglich gewesen sei. Die Eltern lassen dem Jungen den Versuch der Externalisierung nicht durchgehen und schieben das Versagen mit der Bemerkung auf ihn, er habe nicht gelernt, sich nicht angestrengt und den Inhalt des Unterrichts einfach nicht verstanden.

Die nächste Klassenarbeit ergibt eine bessere Note, auf die der Junge nun stolz sein möchte. Stattdessen hört er von seinen Eltern: „Siehst Du, hätten wir dir nicht gesagt, dass Du lernen sollst, hättest Du wahrscheinlich wieder danebengelegen."

Aus Sicht des Jungen wird ihm die selbstwertstabilisierende Internalisierung des Erfolgs verwehrt, der stattdessen nach außen, auf die Eltern, geschoben wird. Wenn diese Muster lange genug angehalten haben, hat der Junge gelernt, dass er für die Misserfolge, nicht jedoch für die Erfolge verantwortlich ist, so dass ihm allenfalls die Chance, Misserfolge zu meiden, nicht jedoch der Stolz auf die eigene Leistung bleibt. Spätestens dann ist aus dem ursprünglich aktiven Erfolgssucher ein ängstlicher Misserfolgsmeider geworden.

Auch wenn diese Geschichte überpointiert ist, so verdeutlicht sie doch den Lernprozess, in dessen Verlauf ein Mensch überdauernde motivationale Dispositionen erwirbt. Im Übrigen lässt sich die Geschichte sehr leicht und durchaus mit großem Realismus auf die Beziehungen zwischen manchen Vorgesetzten und ihren Mitarbeitern übertragen.

Kienbaum Kompetenztest: Motivationale Disposition

Überlegen Sie, wie sich Ihre Beziehung zu Ihren Mitarbeitern in diesem Punkt gestaltet.

Erkennen Sie Erfolge Ihrer Mitarbeiter an? Oder schreiben Sie diese eher dem Team, den Umständen oder auch sich selbst zu?

Berücksichtigen Sie bei Misserfolgen Ihrer Mitarbeiter auch die jeweiligen Umstände, die dazu geführt haben?

Wie Sie die VIE-Theorie für Ihre Führungsarbeit nutzen können

Wer die Zusammenhänge zwischen der Erfolgserwartung, der Valenz und der Instrumentalität erkannt hat, kann daraus führungsrelevante Folgerungen ableiten.

Wie sieht sich der Mitarbeiter?

Im Gespräch die Disposition des Mitarbeiters erfragen

Um die Motivation der Mitarbeiter zu steigern, bildet das Mitarbeitergespräch die diagnostische Basis. Hierin lassen sich zu allen drei Bereichen die individuellen Voraussetzungen erfahren.

- *Erfolgserwartung:* Inwieweit erwartet der Mitarbeiter, angestrebte Arbeitsergebnisse auch selbst herbeiführen zu können? Sieht er mögliche Hindernisse eher external, z. B. in organisatorischen Schwierigkeiten, mangelnder Unterstützung, oder internal, z. B. in einem Mangel an eigener Qualifikation?
- *Valenz:* Wie bewertet der Mitarbeiter die Belohnungen, die ihm für seine erbrachten Leistungen geboten werden? Dahinter steht die Anreizpolitik des Unternehmens. Es kann sich dabei ebenso um materielle Anreize handeln, z. B. in Form von Gratifikationssystemen, wie um nichtmaterielle Belohnungen, z. B. ein höheres Maß an Verantwortung, mehr Mitsprachemöglichkeiten, größere Handlungs- und Entscheidungskompetenzen.
- *Instrumentalität:* Inwieweit stehen die erreichten Ergebnisse in direkter instrumenteller Beziehung zu den Handlungsfolgen? Wie nimmt der Mitarbeiter subjektiv z. B. die innerbetriebliche Aufstiegspolitik wahr? Erlebt er eine instrumentelle Beziehung zwischen Leistung und beruflichem Aufstieg bzw. Förderung?

Wie Sie mit Ihrem Mitarbeiter kommunizieren sollten

Die drei Komponenten „Erfolgserwartung“, „Valenz“ und „Instrumentalität“ erfordern von jeder Führungskraft nicht nur den Einsatz bestimmter Führungstools. Sie benötigt auch kommunikative Fähigkeiten und situationsgerechtes Führungsverhalten, um eine stabile Identifikationsstruktur der Mitarbeiter mit Zielen, Aufgaben, Produkten und Personen zu erreichen.

Attraktive Unternehms- und Abteilungsziele

1. Die Attraktivität der Unternehmens- und Abteilungsziele – und damit auch des individuellen Aufgabenbereichs lässt sich steigern durch:
   - eine aktive und transparente Informationspolitik über Visionen, Ziele und Zielerreichungsgrade,
   - das Hervorheben des individuellen Beitrags zur Zielerreichung und
   - die Berücksichtigung individueller Bedürfnisstrukturen und Motivlagen bei der Aufgabengestaltung.

Aktiv fördern und fordern

2. Mitarbeiter sollten aktiv gefördert und gefordert werden durch:
   - einen überlegten Personaleinsatz, d. h. den Abgleich von Fähigkeiten und Anforderungen, der Berücksichtigung von Arbeitsbedingungen und der zur Verfügung stehenden Ressourcen,
   - individuelle Zielvereinbarungen, begleitet durch Coaching- und Mentoring-Konzepte,
   - die systematische Mitarbeiterbeurteilung als Instrument zur Ermittlung des individuellen Entwicklungsbedarfs sowie der Ableitung geeigneter Maßnahmen,
   - Hilfestellung und Unterstützung bei neuen und schwierigen Aufgaben und
   - das Aufzeigen von beruflichen Perspektiven und einer individuellen Laufbahnplanung.

Erfolge sichtbar machen

3. Erfolge sollten Führungskräfte spürbar machen durch:
   - realistische Zielsetzung und zeitnahe Belohnung bei der Zielerreichung,
   - die aktive Unterstützung des Mitarbeiters, wenn situative Probleme auftreten,

- die Förderung von Selbstvertrauen und realistischer Selbsteinschätzung der eigenen Fähigkeiten und Kompetenzen,
- die Vermeidung von Überforderung durch gezieltes Delegationsverhalten,
- die Implementierung einer Lern- statt Fehlermentalität, d. h. Fehler werden als Lernchancen verstanden und
- die Anerkennung und Wertschätzung auch bei kleineren Erfolgen.

3.4 Welche Arten der Motivation gibt es?

Motivation – das zeigen die Theorien von Maslow und Herzberg – bedeutet, dass das Energiepotenzial unbefriedigter Bedürfnisse genutzt wird. Im beruflichen Kontext sollte der Mitarbeiter also die Möglichkeit erhalten, seine individuellen Bedürfnisse im Unternehmen zu befriedigen.

Welche Bedürfnisse hat der Mitarbeiter?

Voraussetzung dafür ist natürlich, dass Unternehmen und Führungskraft die Bedürfnisstruktur des Mitarbeiters kennen und gezielt analysieren. Um ein möglichst genaues und umfangreiches Bild der Motivlage zu erhalten, ist es sinnvoll, viele Informationsquellen zu nutzen.

Viele Informationen für ein stimmiges Bild

Möglichkeiten der Motivanalyse

Anonymisierte Mitarbeiterbefragungen stellen reine Analyseinstrumente dar, um den Status quo zu ermitteln. Mitarbeiterworkshops und -gespräche sind dagegen eher lösungsorientiert, da die Teilnehmer auf der Basis der Erkenntnisse bereits Möglichkeiten diskutieren, wie künftige Anreize geschaffen und spezifische Aktionen festgelegt werden können. Ein weiterer Weg ist die Kienbaum-Motivationsanalyse (s. nächste Seite).

Was Sie im Gespräch fragen sollten

Systematisches Vorgehen ist sinnvoll

Im Mitarbeitergespräch bietet sich ein systematisches Vorgehen zur strukturierten Motivanalyse an. Folgende Fragen und Punkte sind in diesem Zusammenhang von zentraler Bedeutung:

Checkliste: Motivanalyse im Mitarbeitergespräch	
	✓
Was motiviert Sie generell, tagtäglich zur Arbeit zu kommen?	
Beschreiben Sie Ihren Idealarbeitsplatz. Beziehen Sie sich dabei sowohl auf weiche Faktoren wie Klima, soziale Beziehungen, Führungsverhalten als auch auf harte Faktoren wie Aufgabengestaltung, Entlohnung etc.	
Bewerten Sie bitte den Grad ihrer derzeitigen Zufriedenheit im Beruf auf einer Skala von 1 bis 10 (1: stark unzufrieden, 10: außerordentlich zufrieden).	
Welche Ursachen sehen Sie für Ihre derzeitige Zufriedenheit bzw. Unzufriedenheit?	
Was müsste sich ändern/was muss passieren, um den Grad Ihrer Zufriedenheit zu erhöhen?	
Welche Punkte hinsichtlich motivierender Arbeitsbedingungen können Sie selbst beeinflussen und wie?	
Bei welchen Punkten kann ich als Führungskraft Sie unterstützen, um ein für Sie motivierendes Umfeld zu schaffen?	

Die Kienbaum-Motivationsanalyse

16 verschiedene Motivlagen

Ein gutes Mittel, um die Motivationslage eines Mitarbeiter herauszuarbeiten, ist der Einsatz der Kienbaum-Motivationsanalyse (s. Seite 140). Sie beruht auf langjährigen Beobachtungen und Erfahrungen und klassifiziert die Motivationsarten. In ihr werden insgesamt 16 Motivlagen unterschieden, die auf einer fünfstufigen Skala von gering ausgeprägt, also wenig motivierend, bis hoch ausgeprägt, also stark motivierend, bewertet werden.

Füllen Sie die Motivationsanalyse gemeinsam mit Ihrem Mitarbeiter aus

Die Analyse verhilft Führungskräften dazu, einen strukturierten Überblick darüber zu gewinnen, wie die Mitarbeiter ihre individuellen Motive gewichten.

Kienbaum Expertentipp: Einsatzmöglichkeiten

Nutzen Sie das Instrument auch im Rahmen der Mitarbeiterführung. Es gibt keine grundsätzlich und immer motivierten oder nichtmotivierten Mitarbeiter, vielmehr verfügt jeder über unterschiedliche Arbeitsmotive und Antriebskräfte. Denkbare berufliche Antriebskräfte sind z. B. das vorherrschende Arbeitsklima unter den Kollegen, das erzielbare Einkommen bei einer leistungsabhängigen Vergütung, der Abwechslungsgrad der Tätigkeiten oder deren Schwierigkeitsgrad und Anspruchsniveau.

Gemeinsam mit dem Mitarbeiter ausfüllen

Die Führungskraft sollte gemeinsam mit ihrem Mitarbeiter seine beruflichen Motive herausarbeiten. Dabei ist es sinnvoll, drei bis fünf Anreize markieren zu lassen, die ihn am meisten motivieren, und anschließend drei bis fünf Anreize, die ihn am wenigsten antreiben.

Wie gehen Sie mit den Ergebnissen um?

Die Kienbaum-Motivationsanalyse verschafft eine klare Vorstellung von der Motiv- und Bedürfnisstruktur des Mitarbeiters. Der nächste Schritt besteht darin, zu überprüfen:

- Welche der bisherigen Motivations- und Leistungsanreize entsprechen der Bedürfnisstruktur des Mitarbeiters und werden deshalb beibehalten bzw. verstärkt?
- Durch welche weiteren Maßnahmen schafft die Führungskraft eine bedürfnisgerechte Anreizgestaltung, die ihren Schwerpunkt auf Wachstumsmotive und Motivatoren setzt?

Kienbaum-Motivationsanalyse					
	gering ausgeprägt				hoch ausgeprägt
	1	2	3	4	5
Einflussmotivation will Einfluss auf andere besitzen	O	O	O	O	O
Erfolgsmotivation will sich neue, herausfordernde und schwierige Ziele setzen und erreichen	O	O	O	O	O
Veränderungsmotivation will Strukturen verändern, bewegen	O	O	O	O	O
Problemlösemotivation will in Aktivität stehen und auch unter widrigen Umständen Probleme lösen	O	O	O	O	O
Misserfolgsmotivation will Aufgaben richtig machen, Fehler vermeiden	O	O	O	O	O
Wettbewerbsmotivation will sich mit anderen messen, eigene Leistung mit anderen vergleichen	O	O	O	O	O
Neuigkeitsmotivation will Abwechslung haben durch immer wieder neue und unbekannte Aufgaben	O	O	O	O	O
Anschlussmotivation will angenehme Kontakte zu Kollegen und ein gesundes Betriebsklima haben	O	O	O	O	O
Statusmotivation will Ansehen im Beruf/in der Gesellschaft haben (anerkannte Position, nach außen sichtbare Symbole)	O	O	O	O	O
Hilfsmotivation will das Gefühl haben, gebraucht zu werden und helfen zu können	O	O	O	O	O
Feedbackmotivation will Anerkennung/Rückmeldung von Mitarbeitern/Vorgesetzten bekommen	O	O	O	O	O
Zahlenmotivation will Freude haben an der Steigerung seiner Geschäfts-/Verkaufszahlen	O	O	O	O	O
Materielle Motivation will hohes Gehalt und damit verbundenen Lebensstil erreichen/halten	O	O	O	O	O
Entwicklungsmotivation will die eigene Persönlichkeit erfahren und weiterentwickeln	O	O	O	O	O
Lagemotivation will alles geregelt, geordnet sehen	O	O	O	O	O
Werkstolz will etwas Eigenes schaffen, kreativ sein, etwas Bleibendes hinterlassen	O	O	O	O	O

Möglichkeiten zur Anreizgestaltung

Möglichkeiten zur Anreizgestaltung zeigte bereits der Abschnitt „Welche Bedürfnisse hat der Mensch?“ (s. Seite 121). Es ist zudem möglich, die Motivlagen nach dem Vier-Typen-Modell (s. Seite 22) weiter zu untergliedern und daraus Ideen für das berufliche Umfeld abzuleiten.

Führen Sie für jeden Mitarbeiter eine eigene Motivationsanalyse durch

Maßnahmen müssen aufeinander abgestimmt sein

Die in der folgenden Übersicht dargestellten Ansatzpunkte können nur Anregungen geben, wie eine Führungskraft die verschiedenen „Mitarbeitertypologien“ motivieren kann. Sie soll einen Eindruck über grundsätzliche Möglichkeiten vermitteln, stellt aber kein generalisierendes Rezept dar. Vielmehr gilt es, für jeden einzelnen Mitarbeiter mithilfe einer Motivationsanalyse zu prüfen, welche zentralen Motivlagen ihn dazu bewegen, seine Leistung zu steigern. Diese Analyse sollte die Grundlage für entsprechende Maßnahmen sein. Dabei ist von erfolgskritischer Bedeutung, dass die einzelnen Instrumente und Maßnahmen systematisch aufeinander abgestimmt werden.

	Stark ausgeprägte Motivlagen	Ein motivierendes Umfeld definiert sich durch:
Treiber	• Einflussmotivation	• die Möglichkeit, die Aktivitäten anderer zu lenken und zu steuern (z. B. Projektleitung, einflussreiche Position)
	• Erfolgsmotivation	• die Gelegenheit zum beruflichen Erfolg/Aufstieg
	• Veränderungsmotivation	• neue Chancen und Herausforderungen
	• Wettbewerbsmotivation	• schnelle Ergebnisse und Belohnung/ Anerkennung für das Erreichen von Zielen
	• Statusmotivation	• viel Bewegungsfreiheit bei der Arbeit (hoher Handlungs- und Gestaltungsspielraum)

Analytiker	• Problemlöse-motivation • Misserfolgs-motivation • Zahlenmotivation	• Zeit, um Aufgaben entsprechend seiner Qualitätsmaßstäbe zu lösen • eindeutige Regeln, klare Abgrenzung seines Aufgabenbereichs • Projekte, bei denen er sein Spezialwissen (Umgang mit Zahlen) und seine „Genauigkeit" zeigen kann
Ausdrucksvoller	• Neuigkeitsmotivation • Anschlussmotivation • Feedback-Motivation • Entwicklungs-motivation	• abwechslungsreiche Aufgaben, die ihn begeistern • Gelegenheit für soziale Kontakte • hohes Maß an Anerkennung und Wertschätzung sowie sofortige, mündliche Rückmeldungen • ein Umfeld, in der ein gegenseitiger Ideen- und Gedankenaustausch erwünscht ist.
Zuverlässiger	• Lagemotivation • Anschlussmotivation • Entwicklungs-motivation • Hilfsmotivation	• klar definierte Aufgaben- und Verantwortungsbereiche • harmonische Atmosphäre und gute Beziehungen zu Kollegen • berechenbare und geordnete Umwelt, Stabilität und Sicherheit • Möglichkeit, anderen zu helfen und sie zu unterstützen

3.5 Demotivation und Remotivierung

Demotivatoren stören Anreizsysteme

Bisheriges Thema waren die Möglichkeiten der Motivation bzw. Motivierung von Mitarbeitern vor dem Hintergrund individueller Bedürfnis- und Motivstrukturen. Erfahrungen aus der Praxis zeigen jedoch, dass es eine äußerst einseitige Betrachtungsweise des Motivationskonzepts darstellt, sich allein auf Bedingungen, Inhalte, Prozesse und Techniken der Motivation zu konzentrieren. Denn dadurch lässt sich nicht erklären, warum z. T. die in Unternehmen entwickelten, ausgefeilten Anreizprogramme nicht im erwarteten Maße greifen oder sich als zeitliche und finanzielle Fehlinvestitionen herausstellen. Tatsache ist, dass in diesen Fällen die Motivationsbarrieren vernachlässigt wurden, also die sogenannten Demotivatoren,

die sich kontraproduktiv auf Motivation, Leistungsbereitschaft und -verhalten auswirken.
Daraus folgt, dass Führungskräfte die zentrale Aufgabe haben, nicht nur ein motivierendes Umfeld zu schaffen, sondern Demotivation zu vermeiden. Gleichzeitig sollten sie auch über geeignete Mittel verfügen, um demotivierte Mitarbeiter wieder zu remotivieren. Bevor sich ein Vorgesetzter aber der Remotivierung widmen kann, ist es erforderlich, die Ursachen der Demotivation zu ergründen. Nur dann können gezielte Ansätze geboten werden, die die Mitarbeiter zu Motivation und Engagement zurückführen.

Merkmale und Ursachen von Demotivation

Wenn der Mitarbeiter Dienst nach Vorschrift macht

Diese Situation hat vermutlich jeder Vorgesetzte schon einmal erlebt: Ein Mitarbeiter delegiert neue Aufgaben, die nicht explizit in seiner Stellenbeschreibung schriftlich fixiert sind, grundsätzlich zurück – er leistet Dienst nach Vorschrift. Dann kommt schnell der Verdacht auf, dieser Kollege sei überfordert, der Anforderungsgrad der Aufgabe stimme nicht mit seinen Fähigkeiten und Kompetenzen überein. In vielen Fällen reagieren Führungskräfte, indem sie dem Mitarbeiter fortan grundsätzlich keine neuen Aufgaben übertragen, sein Aufgabenspektrum nicht erweitern. Die Folge ist, dass der Mitarbeiter still steht, er stagniert in seiner Entwicklung.
Die Erklärung für das Mitarbeiterverhalten und die Reaktion der Führungskraft darauf liegen sicherlich nahe. Aber kann das beschriebene Mitarbeiterverhalten nicht auch ein Signal dafür sein, dass der Mitarbeiter demotiviert ist?

In welchen Symptomen zeigt sich Demotivation?

Demotivation zeigt sich auf verschiedenen Ebenen

Demotivation spiegelt sich auf der Individualebene im Verhalten des Mitarbeiters sowie auf der Team- und Unternehmensebene in quantitativen Kennzahlen wider. Typische quantitative Kennzahlen sind:

- Absentismusquote (durch Krankheit),
- Fehler- und Ausschussquoten,
- Fluktuationsrate,
- Anzahl der Verbesserungsvorschläge und
- Beteiligung an Sonderprojekten, betrieblichen Veranstaltungen etc.

Auf der Individualebene kann ein demotivierter Mitarbeiter folgende typische Verhaltensymptome zeigen:

Kennzeichen eines demotivierten Mitarbeiters

- Er verhält sich zunehmend zurückgezogen und ruhig oder sehr stark launisch bzw. zynisch,
- er erbringt qualitativ und quantitativ geringere Leistungen,
- er zeigt wenig oder keine Begeisterung für die Aufgabenstellung,
- er schöpft seine Kompetenzen nicht mehr aus und vermeidet die Verbreiterung und Anreicherung der Aufgaben und Verantwortungen,
- er zeigt kein Engagement, um das eigene Leistungsniveau kontinuierlich zu verbessern bzw. seine Karriere voranzutreiben,
- er resigniert schnell bei schwierigen Aufgaben und Widerständen, ist bei hohem Arbeitsanfall schnell überfordert,
- er vermeidet Auseinandersetzungen, ist zum typischen Ja- oder Nein-Sager geworden,
- er zeigt wenig Flexibilität, wenn es um Veränderungen jeglicher Art geht und
- er weist eine höhere Krankheits- bzw. Absentismusquote als andere auf.

Wie entsteht Demotivation?

Situative Bedingungen bündeln sich

Es ist schwierig, eindeutige Ursachen für Demotivation darzustellen. Sie entsteht häufig daraus, dass sich situative Bedingungen gegenseitig bündeln, weil sie zeitnah auftreten. Eine Möglichkeit, um die Vielfalt der potenziellen Demotivationsursachen darzustellen und damit für den Führungsalltag greifbar zu machen, besteht darin, die möglichen Einflussfaktoren auf drei Ebenen zu kategorisieren:

- auf der Organisationsebene, die alle Gegebenheiten der Organisation umfasst,
- auf der Teamebene, die Probleme im direkten Arbeitsumfeld der Mitarbeiter benennt und insbesondere das Führungsverhalten betrachtet und
- auf der Individualebene, die die Persönlichkeitsmerkmale des Mitarbeiter betrachtet.

Einflussfaktoren, die Demotivation begünstigen	
Ebene	Beispiele
Organisationsebene	• mangelnde Transparenz der Unternehmensstrategie und -ziele • starre und unflexible Organisationsstrukturen • keine einheitliche Führungskultur • schlechtes Betriebsklima • unbefriedigende Arbeitsbedingungen
Teamebene (insb. Führungsverhalten)	• fehlende Anerkennung und Unterstützung • mangelnde Informationsweitergabe • einsame oder fehlende Entscheidungen • unzureichende Mitwirkung/Einbindung in Entscheidungsfindungsprozesse • ineffiziente Meetingkultur • Delegationsfehler (mangelndes Vertrauen, Eingriffe in das Aufgabenfeld, unklare Absprachen etc.)
Individualebene	• Unsicherheit, Ängstlichkeit, Depressivität • zu hohe Erwartungshaltung an die eigene Leistung/Karriere • fehlende Work-Life-Balance • intrapersonelle Rollenkonflikte (Beruf – Familie) • erlebte Einschränkungen in Autonomie und Selbstverwirklichung • Kompetenzen stimmen nicht mit dem Anforderungsgrad der Aufgabe überein (Folge: Über- bzw. Unterforderung)

Einflussfaktoren, die außerhalb der Organisation liegen, d. h. politisch, wirtschaftlich oder kulturell bedingt sind, werden bei dieser Einteilung nicht berücksichtigt.

So können Sie Demotivation vermeiden

Von den genannten Einflussfaktoren, die potenziell Demotivation begünstigen, können sehr eindeutige Hinweise abgeleitet werden, wie Führungskräfte Demotivation vermeiden oder verlorene Motivation wieder herstellen können.

Auf der Organisationsebene

Frühzeitige Information fördert Motivation

Einer der wichtigsten Punkte ist hier Transparenz. Mitarbeiter wollen wissen, warum sie eine bestimmte Tätigkeit ausüben, welchen übergeordneten Sinn ihre täglichen Aufgaben haben.

- Informieren Sie Ihre Mitarbeiter in Meetings über die Unternehmensstrategie und -ziele. Arbeiten Sie gleichzeitig den Beitrag Ihrer Abteilung zur Erreichung der Unternehmensziele heraus.
- Erläutern Sie die Gesamtzusammenhänge im Unternehmen, also der Abläufe, Schnittstellen etc., und legen Sie aktuelle Ereignisse und Entscheidungen transparent dar. Erhöhen Sie dadurch die Einsicht und Akzeptanz der Entscheidungen.
- Überlegen Sie sich genau, wann Sie Ihre Mitarbeiter in Veränderungsprozesse integrieren. Re- und Umstrukturierungen lösen Unsicherheit und Misstrauen aus. Beziehen Sie Ihre Mitarbeiter wenn möglich in einem frühen Stadium in den Prozess der Veränderungen mit ein. Der Grad der Mitbestimmung und Mitwirkung erhöht die Identifikation und das Commitment mit den vollzogenen Veränderungen.

Auf der Teamebene

Verhalten der Führungskraft ist entscheidend

Auf diese Ebene haben Führungskräfte einen großen Einfluss, denn ihr eigenes Verhalten trägt maßgeblich dazu bei, ob die Mitarbeiter motiviert oder demotiviert sind.

- Initiieren Sie Teamentwicklungsmaßnahmen, in denen latente Konflikte aufgedeckt und Lösungsstrategien erarbeitet werden. Das gemeinsame Bewältigen ungewöhnlicher Herausforderungen, z. B. bei Outdoor-Übungen, stärkt das Wir-Gefühl, individuelle Positionierungen im Team, also die eigene Rolle, Wirkungsweisen und Verhalten etc., werden transparenter, das Team kann in der Zukunft besser mit schwierigen Situationen umgehen – man weiß, wie der andere „tickt“.
- Als zentraler Demotivator wird oft das Führungsverhalten per se genannt. Reflektieren Sie Ihr Führungsverhalten vor dem Hintergrund der Erwartungen Ihrer Mitarbeiter. Welche Führungsinstrumente setzen Sie mit welcher Zielsetzung ein? In welchem Verhaltensspektrum bewegen Sie sich? Nehmen Sie an Füh-

rungsseminaren teil, um mehr über die Wirkungsweisen Ihres Verhaltens und über effiziente Führungstools zu erfahren.

- Signalisieren Sie Interesse, Wertschätzung und Anerkennung für Ihre Mitarbeiter und deren Arbeit. Binden Sie Ihre Mitarbeiter aktiver in Entscheidungsfindungsprozesse ein. Loben Sie gute Leistungen. Führen Sie keine Schwächendebatten.

Auf der Individualebene

Um gegen Demotivation auf der Individualebene vorzugehen, ist vor allem eine offene Kommunikation notwendig. Nur wenn Führungskräfte wissen, wo bei ihren Mitarbeitern „der Schuh drückt", sind sie auch in der Lage, Hilfe zu bieten.

Wo liegen beim Mitarbeiter Motivationsbarrieren?

- Sprechen Sie mit Ihren Mitarbeitern offen über Motivationsbarrieren. Spüren Sie gemeinsam Demotivatoren auf und leiten Sie erste Lösungsschritte ein. Diese Gespräche sollten auf bilateraler Ebene durchgeführt werden, um die Offenheit und Ehrlichkeit zu fördern. Voraussetzung dafür ist eine vertrauensvolle Vorgesetzten-Mitarbeiter-Beziehung.
- Bieten Sie aktiv Hilfe und Unterstützung bei der Erreichung persönlicher Ziele an. Achten Sie darauf, dass die Ziele realistisch und klar terminiert sind. Notieren Sie sich schriftlich, wie Ihre Unterstützung im Einzelnen aussehen kann.
- Berücksichtigen Sie bei der Personalselektion neben fachlichen Aspekten vermehrt Verhaltenskompetenzen und Persönlichkeitsmerkmale – bestimmte Merkmale begünstigen die Entstehung von Demotivation.

Kienbaum Kompetenztest: Schaffen Sie ideale Bedingungen

Die genannten Beispiele stellen einen Auszug der Möglichkeiten zur Remotivation dar. Überlegen Sie, welche Maßnahmen, die die situativen Rahmenbedingungen in Ihrer Organisation berücksichtigen, Sie darüber hinaus ergreifen können. Beantworten Sie für sich folgende Leitfragen:

- Gibt es eindeutige Indikatoren, die auf Demotivation schließen lassen?
- Welche möglichen Ursachen lassen sich benennen?
- Welche Möglichkeiten zur Vermeidung von Demotivation bieten sich in meinem Handlungsspielraum?

3.6 Ihre Aufgaben im Motivationsprozess

Voraussetzungen für eine erfolgreiche Motivationsarbeit durch Führungskräfte sind eine offene und vertrauensvolle Haltung gegenüber den Mitarbeitern, Interesse und Akzeptanz ihrer Bedürfnisse und die Bereitschaft, so weit wie möglich ihre persönlichen Wünsche und Ziele zu berücksichtigen.

Schaffung eines motivierenden Umfelds

Die folgenden Vorschläge können eine vertrauensvolle Beziehung zwischen Führungskraft und Mitarbeiter nicht ersetzen. Sie bieten aber ein Instrumentarium, mit dem Führungskräfte ein motivierendes Umfeld schaffen können, in dem die individuelle Bedürfnis- und Motivstruktur der Mitarbeiter berücksichtigt wird. Die Frage in diesem Abschnitt ist weniger, ob sie diese Werkzeuge bereits – situativ oder instrumentalisiert – einsetzen, sondern vielmehr, ob sie dies richtig tun. Die zentralen Führungsinstrumente sind:

- Motivation durch Delegation
- Motivation durch Ziele
- Motivation durch Vergütung.

Erfolgreich ist nicht jemand, der sich ausschließlich auf ein Motivationstool konzentriert, sondern jemand, der die einzelnen Tools in ein breites, integratives Konzept von motivierender Mitarbeiterführung einbettet.

Motivieren Sie durch Delegation

> Wer seiner Führungsrolle gerecht werden will, muss genug Vernunft besitzen, um die Aufgaben den richtigen Leuten zu übertragen – und genug Selbstdisziplin, um ihnen nicht ins Handwerk zu pfuschen.
>
> Theodore Roosevelt

Delegation befriedigt das Autonomiebedürfnis der Mitarbeiter

Delegation ist ein stark motivierendes Führungsinstrument, das aber vergleichsweise wenig genutzt oder falsch eingesetzt wird. Dabei gewinnt die delegative Führung im Zuge der steigenden Qualifikationen und zunehmenden Autonomiebedürfnisse der Mitarbeiter mehr und mehr an Bedeutung.

Kienbaum Expertentipp: Delegation

Delegation ist ein wesentliches Instrument der Mitarbeitermotivation und Mitarbeiterentwicklung, weil es den Handlungsspielraum des Mitarbeiters erhöht und Verantwortung überträgt.

Die motivationale Komponente der Delegation zeigt sich vor allem darin, dass der Mitarbeiter Handlungsfreiheit und die Möglichkeiten zur Selbstentfaltung und -organisation erfährt. Besonders reife, qualifizierte und eigenständige Kollegen wünschen sich mehr Delegation, wenn sie das Führungsverhalten bewerten sollen.

Typische Delegationsfehler

Scheindelegation demotiviert

Die ursprünglich motivierende Wirkung führt jedoch schnell zu Demotivation, wenn die Delegation falsch praktiziert wird, z. B. wenn die Aufgaben den Reifegrad des Mitarbeiters übersteigen und er sich damit überfordert fühlt. Einer der häufigsten Fehler ist die Scheindelegation, bei der zwar Aufgaben, aber nicht die dazugehörige Verantwortung und Entscheidungsfreiheit delegiert werden. Außerdem scheitert Delegation oft daran, dass Führungskräfte:

- unzusammenhängende Einzelaufgaben verteilen,
- die Aufgaben unklar stellen und beschreiben,
- ihren eigenen Arbeitsstil mitdelegieren,
- die Kompetenzen unklar sind,
- die Termin nicht genau bezeichnet sind, z. B. durch Worte wie „schnell“ oder „sofort“,
- Doppeldelegation an zwei Personen vornehmen, ohne dass diese voneinander wissen,
- zu eng oder zu lax kontrollieren,
- selbst in die delegierte Aufgabe eingreifen,
- zwischen Tür und Angel delegieren,
- keine Feedbackschleifen vereinbaren,
- zu wenig Zeit von der Übertragung der Aufgabe bis hin zur Erledigung zur Verfügung stellen.

Geben Sie Aufgaben bewusst ab

Professionelle Delegation stellt an Führungskräfte hohe Anforderungen hinsichtlich Einstellung und Verhalten. Am schwierigsten gestaltet sich in vielen Unternehmen das Loslassen von Aufgaben und Verantwortung. Viele erledigen die Aufgaben lieber gleich selbst, weil sie glauben, dass es so schneller geht und das Ergebnis nur dann gut wird. Dahinter stehen vor allem ein Mangel an Vertrauen in die Fähigkeiten und Kompetenzen der Mitarbeiter sowie eine latente Angst vor Machtverlust. Oft scheint auch das Denken in Zahlen, Daten, Fakten, also die Fokussierung auf quantitative Ergebniskennzahlen, wichtiger zu sein als das Interesse an gezielter Mitarbeiterförderung und -entwicklung.

Kienbaum Expertentipp: Vertrauen Sie Ihren Mitarbeitern

Bringen Sie Ihren Mitarbeitern Vertrauen entgegen. Bieten Sie ihnen Hilfestellung und Unterstützung an, wenn dies erforderlich ist, aber vermeiden Sie Kontrollen zwischendurch. Nur so erhöhen Sie bei Ihren Mitarbeitern die Motivation und die Identifikation für die Aufgabe und fördern gleichzeitig deren Selbstverantwortung.

Regeln für das Delegationsverhalten

Sinnvolle Delegation folgt bestimmten Regeln

Damit der Mitarbeiter mit Engagement an die übertragende Aufgabe geht und sie mit Erfolg beenden kann, sollte der Vorgesetzte einige Regeln beachten:

- Es sollten nur herausfordernde Aufgaben delegiert werden - Fordern und Fördern hängen eng zusammen.
- Der Mitarbeiter sollte bei der Erledigung der Aufgabe neue Kompetenzen erwerben können.
- Die Beteiligen sollten bereits zum Zeitpunkt der Delegation Ergebniskontrollen vereinbaren. Je nach Reifegrad des Mitarbeiters sollten die Kontrollabstände zeitlich variieren.
- Delegation ist gezielte Weiterentwicklung von Mitarbeitern. Daher sollte sie auch solche Aufgaben umfassen, die die Führungskraft besser machen könnte.
- Es ist wichtig, die unterschiedliche Leistungsfähigkeit der Mitarbeiter zu berücksichtigen, um Unter- oder Überforderungen zu vermeiden.

Kienbaum Kompetenztest: Wie ist Ihr Delegationsverhalten?
Reflektieren Sie folgende Fragen:

- Nach welchen Kriterien geben Sie Verantwortlichkeiten an Ihre Mitarbeiter weiter?
- In welchen Bereichen gibt es bei der Delegation Schwierigkeiten, bei welchen Aufgaben, bei welchen Mitarbeitern?
- Wo sehen Sie diesbezüglich Lösungsmöglichkeiten?
- Welche Prinzipien sind Ihnen bei der Delegation von Aufgaben wichtig?
- Wonach entscheiden Sie, ob Sie eine Aufgabe selbst bearbeiten oder delegieren?
- Wie berücksichtigen Sie die Über- oder Unterforderung Ihrer Mitarbeiter?
- In welchen Bereichen behalten Sie die Verantwortung lieber selbst?
- Wo sehen Sie Vorteile, wo Probleme einer Delegation von Verantwortung?

Vereinbaren Sie Ziele

> Wir sind eher bereit, unser Verhalten zu verändern, wenn wir an der Problemanalyse und Lösungserarbeitung beteiligt sind und zudem Entscheidungen ausführen, die wir selbst mitformuliert haben.
>
> Kurt Lewin

> Ans Ziel kommt nur, wer eines hat.
>
> Martin Luther

Ziellosigkeit führt zu Unzufriedenheit

Wer müde und energielose Menschen einmal nach ihren Zielen fragt, wird vermutlich keine oder zumindest keine realistischen bzw. konkreten Antworten erhalten. Ziellosigkeit führt zu Unzufriedenheit, Langeweile oder sogar zu Depressionen. Daraus folgt, dass eine Führungskraft, die ihre Mitarbeiter zu eigenverantwortlichem Handeln motivieren und zu Höchstleistungen anspornen will, am besten mit Zielvereinbarungen arbeiten sollte. Ziele geben der Arbeit und dem Leben mehr Sinn, sie wirken motivierend und leistungsfördernd und spenden Kraft und Energie.

Welche motivationale Wirkung Ziele haben

Goal-Setting von E. Locke

Der Trend, Zielvereinbarungssysteme in den Unternehmen zu implementieren, wurde maßgeblich vom Goal-Setting beeinflusst. Das ist eine motivationale Technik, die auf Edwin A. Locke zurückgeht und sich intensiv mit dem Einfluss von Zielen auf das Leistungsverhalten von Menschen beschäftigt. Ziele sind sogenannte Handlungsregulatoren. Wenn eine Person individuelle Ziele festsetzt und verfolgt, steigt ihre Motivation und Arbeitsleistung. Sie will nicht nur verstehen, was sie tut, sie will den Sinn im eigenen Tun erkennen. Demnach wird das Handeln von Mitarbeitern, also Richtung, Anstrengung und Ausdauer des Verhaltens, weitgehend durch Ziele geleitet.

Herausfordernde Ziele wecken den Ehrgeiz

Vor allem schwierige Ziele wirken herausfordernd und wecken in besonderem Maße den Ehrgeiz der betreffenden Person. Ist die Aufgabe erst einmal bewältigt, baut der Mensch Selbstvertrauen in die eigene Leistungsfähigkeit auf, sein Selbstwertgefühl wird aufgewertet. Voraussetzung dabei sind natürlich das Commitment und die Identifikation des Mitarbeiters mit dem jeweiligen Ziel.

Kriterien für gute Ziele

Aber Ziel ist nicht gleich Ziel. Gut formulierte Ziele erfüllen eine Reihe wichtiger Kriterien:

- Ziele sollen klar und spezifisch formuliert sein.
- Sie sollen einen anspruchsvollen Schwierigkeitsgrad haben – aber gleichzeitig realistisch bleiben.
- Sie sollen akzeptiert werden, es muss also Commitment herrschen.
- Die Zielerreichung sollte konsequent verfolgt und durch kontinuierliche Rückmeldungen begleitet werden.
- Bei komplexen oder langfristigen Zielen empfiehlt es sich, Zwischenziele und -termine festzulegen.

Geben Sie regelmäßig Feedback

Eine wichtige Rolle im Rahmen des Zielsetzungs- und Zielverfolgungsprozesses spielt das Feedback. Es bestätigt dem Mitarbeiter nicht nur die gewählten Handlungsstrategien und –alternativen zur

Zielerreichung, sondern bildet die Basis für seine Weiterentwicklung und Veränderung.

Positive Rückmeldungen wirken aber nur, wenn sie aufrichtig gemeint sind. Anderenfalls leidet die Glaubwürdigkeit der Führungskraft und damit des ganzen Zielvereinbarungssystems. Bei unsicheren Mitarbeitern bietet sich die Sandwich-Taktik an: Jede Kritik sollte zwischen lobenden Äußerungen am Anfang und einem aufmunternden Schluss verpackt sein.

Kritik am besten mit der Sandwich-Taktik vermitteln

Vereinbarungen statt Vorgaben

Das Führen mit Zielvereinbarungen funktioniert nur, wenn Führungskräfte gemeinsam mit ihren Mitarbeitern im Gespräch echte Vereinbarungen treffen, statt Vorgaben zu machen.

Kienbaum Expertentipp: Sorgen Sie für Akzeptanz

Wenn Sie mit Ihren Mitarbeitern gut formulierte Ziele vereinbaren, führt dies zu Motivation und Leistungssteigerung, und zwar umso mehr, je höher und je spezifischer die Ziele sind. Voraussetzung ist die Akzeptanz der Ziele und ein klares Commitment. Das erreichen Sie nur in offenen Gesprächen.

Solche Gespräche werden nicht zwischen Tür und Angel geführt, sondern erfordern Zeit für eine intensive Vor- und Nachbereitung sowie für die Durchführung.

Zielvereinbarungsgespräche gründlich vorbereiten

Fragen zur Vorbereitung auf das Zielvereinbarungsgespräch
Fragen an den Mitarbeiter
• Welche Arbeitsziele bzw. Aufgaben sind von Ihnen vorrangig, welche nachrangig behandelt worden? • Was war bei Ihrer Arbeit hinderlich? • Welche Ihrer Fähigkeiten konnten Sie voll, welche bedingt einsetzen? • Für welche andere Tätigkeit glauben Sie, auch oder besser geeignet zu sein? • Welche zukünftigen Arbeitsziele bzw. Aufgaben halten Sie für wichtig? • Was konnten Sie oder das Unternehmen für Ihre berufliche Weiterbildung tun? • Welche Erwartungen und Vorstellungen haben Sie hinsichtlich Ihrer beruflichen Entwicklung? • Was halten Sie darüber hinaus noch für wichtig?

Fragen an die Führungskraft

- Welche Ziele werden mir als Führungskraft gesetzt?
- Welche Ziele würden die Förderung meines Mitarbeiters unterstützen?
- Welche Ziele möchte ich dem Mitarbeiter setzen?
- Kann es zu Interessenkonflikten kommen oder entgegengesetzten Einschätzungen?
- Welche Schwierigkeiten können bei der Durchführung entstehen?
- Welche Personen sind mitbeteiligt?
- Welche Unterlagen, Informationen und Hilfsmittel müssen zur Verfügung stehen?
- Welche Kontrollen sind zu vereinbaren?
- Welche Unterstützung kann ich als Führungskraft bieten?

Geben Sie den Mitarbeiterzielen einen Rahmen

Mitarbeiterziele aus den Unternehmenszielen herleiten

Der Fragenkatalog lässt schon erkennen, dass die Ziele, die mit dem Mitarbeiter vereinbart werden, in ein Gesamtzielsystem einzubetten sind. Die Aufgabe der Führungskräfte ist es, globale und abstrakte Unternehmensziele in konkrete, beschreibbare und vor allem messbare Größen zu übersetzen, die den Anteil der Mitarbeiterleistung an den Unternehmenszielen verdeutlichen. Bei diesem Verfahren handelt es sich um eine Zielhierarchie in einem verschränkten Top-Down- und Bottom-Up-Vorgehen:

- Mitarbeiterziele werden über die Unternehmensstrategie aus den Unternehmenszielen, d. h. Top-down abgeleitet: von den Unternehmens-, über die Bereichs- und Team- bis hin zu den Mitarbeiterzielen.
- Welche Auswirkungen es für das Gesamtunternehmen hat, dass die individuellen Ziele erreicht werden, wird hingegen Bottom-up dargestellt.

Beispiel: Zielkaskadierung

Das erklärte Umsatzziel eines Unternehmens wird im ersten Schritt auf Bereiche, dann Abteilungen und Team und letztlich auf die Mitarbeiterebene heruntergebrochen.

Übrigens drücken Ziele Endergebnisse und Resultate aus – nicht aber den Weg dorthin. Die Führungskraft sollte dies höchstens als

Rahmen oder Vorschlag ergänzen. Das ist besonders bei sehr anspruchsvollen Zielen oder unterstützungsbedürftigen und weniger reifen Mitarbeitern notwendig.

Kienbaum Kompetenztest: Top-Down-Zielkaskadierung

Nehmen Sie für Ihren eigenen Bereich und für Ihre Mitarbeiter eine Zielkaskadierung nach dem Top-Down-Ansatz vor:

- Unternehmensziel (z. B. Gewinnsteigerung 10 Prozent):

  ____

- Beitrag meines Bereichs/meiner Abteilung:

  ____

- Mein persönliches Ziel/Wertbeitrag als Führungskraft:

  ____

Abgeleitete Ziele für meine beiden wichtigsten Funktionsträger bzw. Mitarbeiter (jeweils zwei Ziele):

Mitarbeiter 1:

____

Mitarbeiter 2:

____

Kontrollieren Sie die Zielerreichung

Ergebniskontrolle ist Sache der Führungskraft

Zielvereinbarungen tragen erst dann Früchte, wenn auch die Zielerreichung konsequent verfolgt wird. Die Führungskraft ist verantwortlich für die Ergebniskontrolle hinsichtlich der getroffenen Zielvereinbarungen.

Angesichts der schnellen Entwicklungen auf dem Markt und notwendiger Umstrukturierungen in den Unternehmen reicht es nicht aus, einmal im Jahr über die Zielerreichung zu sprechen – wie es in vielen Unternehmen der Fall ist. Besser ist es, wenn sich der Vorgesetzte auch unterjährig regelmäßig in Gesprächen darüber informieren lässt, wie weit die einzelnen Mitarbeiter von der Erreichung der individuellen Ziele noch entfernt sind. Nur so ist er in der Lage, den Zielerreichungsgrad einzuschätzen und gegebenenfalls gegenzusteuern, d. h. entsprechende Maßnahmen einzuleiten. Hohe Abstraktions- und Komplexitätsgrade von Zielen, Unsicherheit und mangelnde Erfahrung mit Operationalisierung und Evaluation führen ebenso oft zum Scheitern von doch so gut gemeinten Zielvereinbarungssystemen, wie wenig Kenntnis über effektive Gesprächsführungstechniken. Vor diesem Hintergrund ist es ratsam, sich professioneller Unterstützung zu bedienen oder sich mithilfe der inzwischen zahlreichen Veröffentlichungen über Zielvereinbarungssysteme in der Managementliteratur das notwendige Wissen anzueignen.

Motivation durch Vergütung

Materielle Anreize sind wichtig

Zwar rücken intrinsische Motivatoren in der Motivationspsychologie immer stärker in den Vordergrund, das bedeutet aber nicht, dass extrinsische Motivatoren, insbesondere materielle Aspekte, damit unwichtig werden. Sie sichern den Lebensstandard und schaffen so die Voraussetzungen dafür, hedonistische Neigungen ausleben zu können. Eine zeitgemäße Arbeitsmotivation muss beide Komponenten beinhalten. Nur so kann sie sicherstellen, dass in den Unternehmen optimale Ergebnisse erreicht werden.

Fühlt sich der Mitarbeiter gerecht behandelt?

Ein zentraler Aspekt ist in diesem Zusammenhang das Gerechtigkeitsempfinden eines Menschen. Jeder Mitarbeiter möchte das Gefühl haben, dass er für seine Leistung gerecht entlohnt bzw. belohnt wird. Zu den Belohnungen gehören auch nicht monetäre Anreizaspekte wie z. B. Aufstiegsmöglichkeiten, die dann natürlich auch mit einer Gehaltserhöhung einhergehen.

Menschen vergleichen ständig

Menschen unterliegen ständigen Vergleichsprozessen. Schon in der Schule vergleichen Kinder die Ausstattung ihres Schulranzens mit dem anderer Kinder. Mitarbeiter bewerten die Gerechtigkeit der für ihre Leistung erhaltenen Belohnungen, indem sie ihr Ergebnis mit den Leistungen und Belohnungen anderer Kollegen vergleichen.

Welche Folgen hat erlebte Ungerechtigkeit?

Voraussetzung zur Einschätzung dieses Input-Output-Verhältnisses ist, dass es vergleichbare Dimensionen wie Alter, Qualifikation, Berufserfahrung etc. gibt. Sobald ein Kollege nicht relevant ist, weil die Gemeinsamkeiten fehlen, akzeptiert der Mitarbeiter auch eine vermeintlich ungerechte Verteilung der Belohnung. Erlebt er aber

Ungerechtigkeit, so kann er dies mit verschiedenen Verhaltensweisen signalisieren:

- Er erhöht seinen Arbeitseinsatz, macht Überstunden,
- seine Arbeitsleistung nimmt ab, Anstrengung und Engagement sinken,
- er zieht andere Personen, deren Input-Output-Verhältnis noch unausgewogener ist, zum Vergleich heran und wertet damit seine eigene Situation auf,
- er verbalisiert seine Unzufriedenheit und stellt eine Gehaltsforderung,
- er resigniert, dies kann von einer erhöhten Abstinenzrate bis hin zur Kündigung reichen.

Kienbaum Expertentipp: Gerechtigkeitsempfinden

Die Reaktionsmöglichkeiten auf gefühlte Ungerechtigkeit sind vielfältig. Als Führungskraft ist es wichtig, solche Signale frühzeitig zu erkennen. Sie können dann nachvollziehbare Erklärungen geben, warum es gewisse Unterschiede zwischen der Belohnung des Mitarbeiters und anderen Kollegen gibt, oder versuchen, bestehende Unstimmigkeiten bei der Verteilung zu reduzieren.

Klare Regeln für die Belohnungen

Wichtig ist in diesem Zusammenhang, dass es klar formulierte und allgemein akzeptierte Regeln geben muss, nach denen karrieretechnische (Be-)Förderungen vorgenommen und nach denen die monetären Ressourcen verteilt werden. Diese Regeln müssen eindeutig und für alle Mitarbeiter transparent sein.

Gehaltsforderung – eine Frage der Bedürfnisse

Geld ist ein Hygienefaktor (s. Seite 125). Das heißt, zahlt ein Unternehmen keine marktgerechten Löhne, entsteht Unzufriedenheit oder es kommt zu Schwierigkeiten, geeignete Personen zur Mitarbeit zu gewinnen. Aber nicht immer geht es allein um Geld, wenn ein Arbeitnehmer eine Gehaltserhöhung fordert.

Beispiel: Bedürfnis hinter einer Gehaltsforderung

Ein Mitarbeiter bittet um eine Gehaltserhöhung. Er hat in der Vergangenheit ein größeres Projekt geleitet, das sehr erfolgreich abgeschlossen wurde. Dennoch ist seine Führungskraft davon überzeugt, dass er anforderungs- und leistungsgerecht bezahlt wird.

Die Frage, die sich aus diesem Beispiel ergibt, lautet: Warum möchte der Mitarbeiter für den erfolgreichen Projektabschluss dennoch eine Gehaltserhöhung? Aufgrund der Kenntnisse, die seine Führungskraft über ihn hat, scheint Geld eher Mittel zum Zweck zu sein als der Sicherstellung seines Lebensstandards zu dienen. Welches Bedürfnis also möchte dieser Mitarbeiter mit Geld befriedigen?

Gehalt als Ausdruck der Anerkennung

Gehaltsforderung ist oft Wunsch nach Anerkennung

Existenzielle Bedürfnisse wie Essen, Trinken und das Gefühl materieller Sicherheit sind in den Industrieländern weitgehend von selbst erfüllt und bilden damit nicht die Hauptursache für Forderungen nach mehr Gehalt, Prämien etc. Tatsache ist, dass Gehaltsforderungen häufig nur den Wunsch nach mehr Anerkennung und persönlicher Wertschätzung ausdrücken. Geld soll folgende Bedürfnisse befriedigen:

- *soziale Bedürfnisse:* Geld soll ein Zugehörigkeitsgefühl vermitteln. Der Mitarbeiter möchte einer bestimmten Personengruppe mit entsprechendem Gehalt angehören.
- *Bedürfnis nach Anerkennung und Bestätigung:* Der Mitarbeiter möchte, dass seine Leistung anerkannt wird. Geld verdeutlicht, dass das Unternehmen den Beitrag des Mitarbeiters wertschätzend wahrnimmt.
- *Bedürfnis nach Selbstverwirklichung:* Der Mitarbeiter möchte mehr Verantwortung übernehmen. Er wünscht eine herausforderndere und anspruchsvollere Aufgabe.

Kienbaum Expertentipp: Geld motiviert nicht nachhaltig

Geld wird zum äußerst kurzfristigen Motivator, wenn die existenziellen Bedürfnisse weitgehend befriedigt sind. Mit dem Anreiz „mehr Geld" reagieren Sie nur auf die Symptome, beseitigen aber nicht die Ursache. Sie gelangen in eine Spirale abwärts, die kein Ende nimmt.

Schauen Sie hinter die Kulissen: Welche Bedürfnisse möchte der Mitarbeiter mit Geld befriedigen? Welche Alternativmöglichkeiten bietet Ihr Unternehmen, um den Mitarbeiter zur Leistungserbringung hin zu aktivieren? Sobald Sie verschiedene Anreizmöglichkeiten überprüft haben, sprechen Sie mit dem Mitarbeiter, um sicherzustellen, dass diese auch aus seiner Sicht attraktiv sind.

Die Wirkung von finanziellen Anreizen

Bei der Gestaltung finanzieller Anreize muss beachtet werden, dass Menschen Unterschiedliches in ihrem Leben erreichen wollen. Sie haben verschiedene Bedürfnisse und Wünsche, ihre Ziele und Prioritäten weichen voneinander ab.

- Es gibt Mitarbeiter in Unternehmen, die vor allem auf von außen gesetzte Anreize reagieren, sogenannte extrinsisch Motivierte. Sie sehen Arbeit als eher unangenehm an, ihr Interesse gilt in diesem Zusammenhang dem Entgelt und dem daraus erzielten Nutzen: dem Konsum von Gütern und Dienstleistungen oder Macht und Status.
- Zum anderen gibt es Mitarbeiter, deren Leistungsdrang von ihnen selbst bestimmt wird, die intrinsisch Motivierten. Wenn es um die Gestaltung motivierender Rahmenbedingungen geht, legen diese Mitarbeiter eher Wert auf Lob, Partizipation und Autonomie.

Wie ist es möglich, mit Geld zu motivieren?

Motivation durch Geld von Individuum abhängig

Monetäre „Belohnungen“ können sowohl leistungssteigernd als auch leistungsmindernd wirken. Entscheidend ist die individuelle Motivationsstruktur der Mitarbeiter. Finanzielle Anreize wirken dann motivierend, wenn

- der Vorgesetzte hohe Leistungsstandards setzt,
- die Beziehung zwischen Leistung und Entlohnung klar, eindeutig und für den Mitarbeiter einsichtig ist,
- das Ausmaß des Anreizes groß genug ist, d. h., die Belohnung muss für den Mitarbeiter spürbar sein, sie muss auffallen,
- die Führungskraft ausschließlich für erbrachte Leistungen belohnt. Wenn der Anreiz zur Selbstverständlichkeit wird, motiviert er nicht mehr,
- der Zeitpunkt der Belohnung richtig getroffen ist. Die Belohnung sollte zeitlich nicht so stark von der Erreichung des Zieles entfernt sein,
- die Belohnung – vor dem Hintergrund der Gerechtigkeitstheorien – fair ist.

Binden Sie Top-Mitarbeiter an das Unternehmen

Die Anzahl und Vielfalt von Change-Projekten in Wirtschaftsunternehmen ist in den vergangenen Jahren sprunghaft angestiegen. Treiber des erhöhten Veränderungsbedarfs sind vor allem die Globalisierung der Märkte und deren dynamischer Wandel, verstärkte Privatisierung und Deregulierung staatlicher Monopole. Immer mehr Unternehmen stehen heutzutage im Rahmen dieser notwendigen Change-Projekte vor der komplexen und widersprüchlichen Aufgabe, Rationalisierungs-, Wachstums- und Entwicklungsziele gleichzeitig realisieren zu müssen.
Für Manager und Führungskräfte bedeutet das, dass Sie auf der einen Seite Personal abbauen – auf der anderen aber gefragte Fachkräfte an das Unternehmen binden müssen.

Warum wechselt ein Mitarbeiter seinen Job?

Gründe für einen Arbeitgeberwechsel

Die Gründe für die Wechselbereitschaft von Mitarbeitern – insbesondere von Potenzial- und Leistungsträgern – sind vielfältig. War früher vorzugsweise der Gehaltsscheck, also die materielle Vergütung, ausschlaggebend, so sind es heute eher die immateriellen Anreize, die über Bleiben und Wechsel entscheiden. Neben interessanten, herausfordernden Arbeitsinhalten und Anerkennung zählen für die Mitarbeiter nicht nur die Arbeitsorganisation und die angebotenen Entwicklungsmöglichkeiten, sondern auch die Identifikation mit der Unternehmensstrategie und Unternehmenskultur zu den entscheidenden Faktoren.

Achten Sie auf Warnsignale

Kennzahlen geben erste Hinweise

Erste warnende Hinweise darauf, dass in einem Unternehmen bei den genannten Punkten Handlungsbedarf besteht, geben die Fluktuations- und Fehlzeitenquoten aus dem Controlling. Auch der Anteil interner Stellenbesetzungen von Fach- und Führungspositionen oder die Anzahl der eingehenden Initiativbewerbungen sind Kennzahlen für die Zufriedenheit und das Image des Unternehmens. Allerdings werden noch zu selten nachhaltige Konsequenzen aus den Kennzahlen gezogen.

Analysieren Sie den Bedarf

Wie also kann ein Unternehmen einen Mitarbeiter von heute mit seinen individuellen Erwartungen und Vorstellungen erfolgreich und langfristig an sich binden? Wie kann es sich sein Wissen längerfristig sichern und seine Leistungsbereitschaft steigern, ohne dass er – kaum dass seine Entwicklung vollendet ist – zum nächsten Arbeitgeber wechselt?

Sogenannte Retentionprogramme, die darauf ausgelegt sind, wertvolle Mitarbeiter im Unternehmen zu halten, sind in der Regel äußerst umfassend und facettenreich. Um sie auf den konkreten Bedarf der Leistungsträger abzustimmen, ist es wichtig, sich neben den rein quantitativen Kennzahlen auf qualitative Daten zu stützen. Dazu stehen verschiedene Instrumente zur Verfügung:

- strategische Mitarbeiterbefragung: Einschätzung von Führung, Qualifikation, Arbeitsklima, Leistungsstandards, Zusammenarbeit, Karrieremöglichkeiten etc.,
- Analyse der Austrittsgründe durch strukturierte Exit Interviews,
- Erhebung des Arbeitgeber-Images auf dem externen Bewerbermarkt.

Schaffen Sie schnell sichtbare Veränderungen

Ansätze einer mitarbeiterbindenden Personalstrategie

Auf der Basis der Analyseergebnisse sollten im nächsten Schritt Programme aufgestellt werden, die aus integrativen Bausteinen aus der Unternehmens-, Führungs- und Mitarbeiterebene bestehen. Es gilt, diese Programme der Belegschaft transparent zu machen und durch eine zügige Umsetzung einzelner Maßnahmen „quick wins" zu schaffen. Wichtige Handlungsansätze einer mitarbeiterbindenden Personalstrategie sind z. B.:

- *Potenzialanalyse:* Identifizierung der Leistungsträger und Ableitung von Personalentwicklungsmaßnahmen,
- *vertrauliches Beratungs- und Perspektivengespräch* mit den Mitarbeitern auf der Basis transparenter Karriere- und Laufbahnmodelle: Selbsteinschätzung, Reflexion der eigenen Ziele, Vereinbaren von Karriere- und Entwicklungswegen und Definition konkreter nächster Schritte,
- *Gestaltung eines attraktiven Weiterbildungsprogramms* auf der Grundlage von strategischen Anforderungsprofilen: Academy-

Modelle, Feedback-Instrumente sowie On- und Off-the-Job-Qualifizierungsangebote,
- *Design von intelligenten, langfristig wirkenden Vergütungsmodellen*, sogenannte long term incentive plans,
- *Angebot von externen und internen Sparringspartnern:* Coaching-Modelle und Mentoring sowie
- *Durchführung von Teambildungsveranstaltungen* und gemeinsamen Off-the-Job-Aktivitäten.

Maßnahmen müssen aufeinander abgestimmt sein

Konzept sollte langfristig sein

Die Vielfalt der dargestellten Handlungsmöglichkeiten zeigt bereits, dass Retention als integriertes Maßnahmenbündel verstanden werden kann und sich damit äußerst komplex gestaltet. Schließlich existiert ja auch eine Vielzahl von Einflussmöglichkeiten auf die Leistungsbereitschaft und Motivation der Mitarbeiter, etwa Sinn und Spaß an der Arbeit, Freiheit, Selbstbestimmung und Verantwortung, Lohngerechtigkeit, Arbeitsklima etc. Die Kunst besteht darin, die verschiedenen Handlungsmöglichkeiten so miteinander zu verknüpfen, dass ein sinnvolles, langfristig angelegtes Konzept entsteht.

Kienbaum Experten-Tipp: Die Führungskraft als Faktor

Angesichts der vielen geschilderten Maßnahmen zur Mitarbeiterbindung sollten Sie einen Punkt nicht vernachlässigen: die Bedeutung Ihres eigenen Führungsverhaltens auf „Bleiben" oder „Wechseln". Untersuchungen bestätigen immer wieder, dass ca. 80 Prozent der Mitarbeiter ein Unternehmen auf Grund der direkten Führungskraft verlassen.

4 Setzen Sie auf Teamarbeit

Teamarbeit ist in vielen Unternehmen heutzutage Normalität. Eine Führungskraft muss daher Phänomene kennen, die in Teams immer wieder auftreten, wie z. B. Meinungsbildung in Gruppen, Gruppendruck und Teambuildingprozesse. Sie muss sich immer wieder damit auseinandersetzen, wie mit anderen Meinungen innerhalb des Teams umgegangen wird und warum einzelne Teammitglieder Entscheidungen, die offensichtlich in der Gruppe gefällt wurden, boykottieren.

4.1 Meinungsbildung und Entscheidungen in Gruppen

Typische Szenen aus Teamsitzungen

Einige typische Szenen aus Teamsitzungen kennt wohl jeder: Der Chef verkündet bestimmte Strategien „von der Kanzel herab", alle Anwesenden nicken ergeben und schon vor der Tür wird gelästert. Oder aber Sitzungen, in denen scheinbar Einigkeit herrscht, in denen in den Wortbeiträgen keine Unstimmigkeiten offensichtlich werden – und im Nachhinein stellt sich heraus, dass ein Kollege doch etwas ganz anderes tut als abgesprochen. Oder Sitzungen, in denen es manchen Menschen gelingt, die Front der anderen Gruppenmitglieder wieder ins Wanken zu bringen – obwohl die Entscheidung doch schon gefallen ist.

Beispiel: Die zwölf Geschworenen

Der Kinoklassiker „Die zwölf Geschworenen" hat diesen Vorgang filmisch sehr schön umgesetzt. Hier gelingt es einem einzelnen Geschworenen – der einzige, der von der Unschuld des Angeklagten überzeugt ist – die anderen Geschworenen, trotz deren fester Überzeugung von der Schuld des Angeklagten, vom Gegenteil zu überzeugen.

Die Psychologie hat sich mit diesen Effekten auf ganz unterschiedliche Weise befasst. Sie unterscheidet den Majoritätseinfluss, d. h., eine Gruppe beeinflusst durch Gruppendruck einzelne Mitglieder, und den Minoritätseinfluss, ein einzelner beeinflusst eine Gruppe. Für Führungskräfte sind beide Effekte interessant, vor allem um zu erklären, warum Mitarbeiter trotz klarer Absprachen ein nur schwer nachvollziehbares Verhalten an den Tag legen.

Wie Gruppendruck auf einzelne Mitglieder wirken kann

Ähnliche Beobachtungen macht jede Führungskraft: Ein Mitarbeiter trifft in einer Besprechung bestimmte Aussagen und tut dann im Nachhinein doch etwas völlig anderes.

Beispiel: Teamsitzung

In einer Teamsitzung war alles besprochen worden, so glaubt zumindest der Teamleiter, Herr Wortmann. Die Diskussion war nicht einfach, dennoch hatte man auch den Kollegen Schulz, der von Anfang an gegen diese Lösung war, im Laufe der Sitzung offensichtlich überzeugen können. Es ging um Fragen der Projektabwicklung, die tatsächlich unterschiedlich gesehen werden können, das ist auch Herrn Wortmann klar.

Im Nachhinein stellt Herr Wortmann aber entgeistert fest, dass Herr Schulz und interessanterweise auch Herr Guski sich nicht an die Teamabsprachen halten. Herr Wortmann hat nicht vor, dieses Verhalten zu akzeptieren. „Es war doch eigentlich alles klar", denkt er.

Majoritätseffekt: Druck einer Gruppe auf einen Einzelnen

Im Führungskontext ist es natürlich wichtig, ein solches Verhalten zu verhindern. Der amerikanische Psychologe Solomon Asch hat in diesem Zusammenhang ein interessantes Phänomen beschrieben: den Majoritätseffekt, der von einer Gruppe auf einen Einzelnen gerichtet ist. Asch hat an einem Bespiel gezeigt, wie weit ein solcher Effekt reichen kann.

Das Experiment von Asch

Asch kündigte in den späten fünfziger Jahren des letzten Jahrhunderts einer Gruppe von Testpersonen ein wahrnehmungspsychologisches Experiment an. In solchen Experimenten geht es in aller Regel um das Erkennen von Mustern, um die Unterdrückung von visuellen oder auditiven Stimuli oder anderer Wahrnehmungsphänomene. So auch scheinbar in diesem Experiment.

Die Teilnehmer sollten Linien und deren Größenverhältnisse einschätzen. Sie betraten einen Raum, in dem offenbar schon eine Reihe anderer Testpersonen saßen, und nahmen auf einem noch freien Stuhl Platz. Der Versuchsleiter erklärte nun das Experiment: Es ging darum, die Längen von verschiedenen Linien zu schätzen, die auf eine Leinwand projiziert wurden. Die Länge einer Vergleichslinie sollte immer mit einigen anderen, mit Nummern oder Buchstaben versehenen Linien verglichen werden.

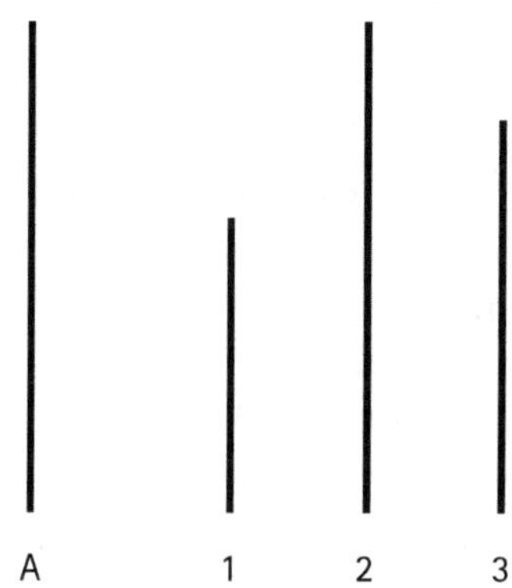

Das Experiment von Asch

Ein wichtiges Detail des Experiments war, dass die Teilnehmer ihre Einschätzungen öffentlich abgeben mussten. Der erste in der Reihe sagte seine Meinung, dann der nächste usw., bis alle ihre Bewertungen abgegeben hatten. Danach folgte das nächste Dia mit jeweils anderen Linien.

Das Besondere an dem Versuchsaufbau war, dass es nur eine tatsächliche Testperson gab – und zwar diejenige Person, die an vorletzter Position in der Sitzreihe saß. Alle anderen Anwesenden waren vom Versuchsleiter, natürlich ohne das Wissen der Testperson, instruiert worden, konsequent eine falsche Linie zu nennen. Bis die wirkliche Testperson an der Reihe war, hörte sie also von allen Personen vor ihr eine offensichtlich falsche Schätzung, denn die Linien waren sehr einfach zu differenzieren.

Eigene Meinung wird zurückgehalten

Das Resultat war überraschend: Eine hohe Anzahl von Testpersonen nannte die falschen Linien. Allerdings zeigte sich im Anschluss an

Gruppendruck hat zur Folge, dass Menschen „scheinbar" zustimmen

den Versuch, dass die Testpersonen sehr wohl erkannt hatten, dass sie die falschen Linien benannten, also nicht etwa eine tatsächliche Wahrnehmungsverzerrung erlitten hatten. Aber der Gruppendruck hatte dazu geführt, dass sie zwar nach außen von ihrer Meinung abgewichen waren, nicht aber von ihrer tatsächlichen Überzeugung. Obwohl das Experiment von Asch aus dem Gebiet der Wahrnehmung stammt, kann es auf andere Bereiche übertragen werden. Denn das Prinzip, unter Gruppendruck nachzugeben und gleichzeitig die ursprüngliche Ansicht beizubehalten, ist ein verallgemeinerbares Phänomen. Führungskräfte laufen häufig Gefahr, solche Effekte im Team zu übersehen. Insbesondere autoritär auftretende Führungskräfte erkennen möglicherweise nicht, dass kein wirkliches Commitment zu der getroffenen Entscheidung herrscht – obwohl in der großen Runde alle nicken.

Kienbaum Expertentipp: Echte Überzeugung motiviert

Echtes Commitment ist in jedem Fall die beste Motivation. Zum Selbstverständnis einer modernen Führungskraft sollte es daher gehören, ihre Mitarbeiter von der Notwendigkeit bestimmter Aspekte zu überzeugen.

Ein typischer Führungsfehler ist es jedoch, an Mitarbeiterinnen und Mitarbeiter zu appellieren oder bloß etwas zu verkünden und dann zu glauben, alles sei doch klar. Umso größer ist die Überraschung, wenn Mitarbeiter und Mitarbeiterinnen dann völlig anders handeln.

Allein gegen die Macht der Gruppe

Ein Einzelner kann die Meinung einer Gruppe drehen

Noch verblüffender ist es, wenn es in einer Gruppe plötzlich einem Einzelnen gelingt, die Meinung der Mehrheit zu seinen Gunsten zu drehen.

Beispiel: Der Einfluss eines Einzelnen

Herr Lorenz – ein vergleichsweise demokratisch gesonnener Abteilungsleiter – hat seit geraumer Zeit Probleme in den Teamsitzungen. Immer wieder kommt es zu ellenlangen Diskussionen über Aspekte, die seiner Ansicht nach klar, bereits abgesprochen und damit einfach nicht mehr zu diskutieren sind. Meist gehen diese Diskussionen von Herrn Mikfeld aus, der es mit seiner zähen und beharrlichen Art immer wieder schafft, andere Teammitglieder auf seine Seite zu ziehen, obwohl die Sachlage vor den Sitzungen eigentlich immer klar ist – wie Herr Lorenz dachte.

Der Psychologe Serge Moscovici hat zu diesem Phänomen, dem sogenannten Minoritätseinfluss, ein plastisches Experiment gemacht. Sein Ziel war es, zu untersuchen, mit welchen Strategien Minoritäten – sofern sie die anders denkende Majorität überzeugen wollen – vorgehen.

Das Experiment von Moscovici

Der Versuchsaufbau ähnelte dem des Experiments von Asch. Allerdings gab es hier einen gravierenden Unterschied: Nur eine einzelne Person war instruiert, alle anderen in der Runde waren echte Testpersonen. Die visuellen Stimuli, die die Teilnehmer bewerten sollten, waren keine Linien, sondern farbige Dias, die jeweils leuchtend blau waren und nur in der Intensität variierten, nicht in der Farbe. Die Aufgabe der Teilnehmer war es lediglich, zu den Dias laut eine Farbbezeichnung abzugeben. Die instruierte Testperson saß z. B. an Position fünf der Reihe und antwortete konsequent mit „grün" statt mit „blau". Das Resultat war, dass die Nennungen von „grün" in der Gruppe der tatsächlichen Testpersonen signifikant anstiegen, obwohl die Antwort „blau" ganz eindeutig richtig war.

Konsequenz steigert den Effekt

Dieser Effekt der Beeinflussung der Mehrheit durch eine Minderheit verschwand aber sofort, sobald der Minderheit etwas anhaftete, dass der Mehrheit einen Grund gab, skeptisch zu werden, z. B. wenn die konsequent „grün" sagende Person dicke Brillengläser trug oder sich atypisch verhielt. Der Effekt wurde auch dann schwächer, wenn die Minderheit nicht wirklich konsequent bei ihrer Meinung „grün" blieb, sondern ab und zu die Seiten wechselte, also auch mehrfach mit „blau" antwortete. Nur eine konsequente, durch keinerlei Merkmale sich selbst disqualifizierende Minderheit entfaltet den Minoritätseinfluss.

Effekt schwächt sich ab, wenn die Minderheit nicht konsequent ist

Der wesentliche Unterschied zu dem oben unter Majoritätseinfluss geschilderten Phänomen liegt darin, dass hier eine tatsächliche Überzeugung vorliegt. Im Gegensatz zum erzwungenen Ja-Sagen unter Druck, stimmt hier nur derjenige zu, der sich auch wirklich von den Ideen der Minderheit beeinflussen und überzeugen lässt. Aus diesem Grunde ist der Effekt des Minoritätseinflusses auch von ganz anderer Tiefe als die Wirkung des Majoritätseinflusses.

Minoritätseinfluss führt zu wirklicher Überzeugung

Kienbaum Expertentipp: Arbeiten Sie mit Fakten

Gegen Mitarbeiter und Mitarbeiterinnen, die bewusst aus der Minoritätsposition heraus argumentieren, sollten Sie nicht mit Aggressivität und Druck vorgehen. Ein solches Verhalten kann sich kontraproduktiv auswirken, da es die Aufmerksamkeit auf die vertretende Minderheitenmeinung lenkt. Ziehen Sie stattdessen Fakten heran. Auch ein persönliches Gespräch mit einem Mitarbeiter, der durch eine solche Haltung bewusst „stören" möchte, kann hilfreich sein.

Gruppendenken verleitet zu fehlerhaften Entscheidungen

Wenn Gruppen über das Ziel hinausschießen

Entscheidungsprozesse in Gruppen verlaufen oft eigenartig. Mal herrscht das Gefühl vor, es gehe überhaupt nicht voran, es gebe keine Bewegung, keinen Fortschritt. Dann wieder arbeiten Gruppen in einem hervorragenden Teamklima, die Mitglieder unterstützen sich, sind produktiv, stacheln sich gegenseitig in positiver Weise an. Und manchmal tendieren Gruppen auch dazu, völlig über das Ziel hinauszuschießen – so, als sei ihnen im Verlauf des Arbeitsprozesses völlig der Verstand abhandengekommen.

Beispiel: Präsentation vor dem Kunden

Der Tag der Präsentation war gekommen. Es war ein wichtiger Termin, ein ganz großer Auftrag hing davon ab. Das Team um Herrn Müller hatte sich hervorragend vorbereitet. Einige Tage hatten sie sich sogar richtig abgeschottet, um im Team möglichst intensiv und ungestört arbeiten zu können.

In der Präsentation erwies es sich allerdings, dass die vorgeschlagenen Ideen völlig an den Vorstellungen der Kunden vorbeigingen. Es war niemals eine Online-Realisierung geplant gewesen oder dass die Vertriebsabteilung einbezogen werden sollte. Offensichtlich war die Gruppe von völlig falschen Voraussetzungen ausgegangen. Wieder im Büro stellte sie fest, dass der Kundenkontakter eine korrekte Kundenbedürfnisanalyse durchgeführt hatte. Aber irgendwie waren diese Details im Verlauf der intensiven Vorbereitung und Diskussionen völlig verloren gegangen.

Immer wieder kommt es vor, dass Gruppen völlig an der Aufgabenstellung vorbeiarbeiten. Im Nachhinein fragen sich alle Beteiligten, wie das eigentlich passieren konnte. Auch aus der Politik sind solche spektakulären Effekte verbürgt.

Beispiel: Das Desaster in der Schweinebucht

US-Präsident John F. Kennedy wollte im Jahr 1961 Kuba von den Kommunisten befreien. Der Präsident und eine kleine Gruppe von Beratern beschlossen, eine Handvoll Exilkubaner mit Waffen auszurüsten und ihnen die Landung an der kubanischen Küste zu ermöglichen, in der sogenannten Schweinebucht. Diese Exilkubaner sollten dann - so war der Plan - das Regime in kurzer Zeit stürzen.

Wie angesichts der Sachlage zu erwarten war, wurde die ganze Operation zu einer Katastrophe. Die Invasoren waren nach kurzer Zeit tot oder gefangen. Zu keiner Zeit hatte eine Chance bestanden, dass eine solche Aktion zum Erfolg führen könnte.

Fehleinschätzungen werden nicht erkannt

Gruppendenken führt zu absurden Entscheidungen

Die krasse Fehleinschätzung der Lage durch Kennedy und seine Berater wurde im Nachhinein auf ein Phänomen zurückgeführt, das sich Gruppendenken nennt. Sofern Gruppen unter hohem Druck Entscheidungen fällen müssen und sich gleichzeitig von alternativen Informationsquellen abschotten, besteht die Gefahr, dass auch grobe Fehleinschätzungen nicht als solche erkannt werden. In der Gruppe entsteht ein Klima, das Kritik und rationales Denken unterbindet.

Nun erlebt nicht jede Führungskraft in ihrem Berufsleben zwangsläufig ihr eigenes Schweinebucht-Desaster. Aber in den letzten Jahren mussten sicherlich einige Mitarbeiter von Unternehmen, die später Insolvenz anmeldeten, mit ansehen, wie die Führungsriege teils abstruse Pläne schmiedete, die vom Abteilungsleiter bis hinunter zum Pförtner nur Kopfschütteln auslösten. Damit soll nicht gesagt sein, dass die Gründe für wirtschaftlichen Misserfolg vor allem in diesem Phänomen zu suchen sind. Aber Gruppen bzw. Managementteams neigen in Krisensituationen häufig zu einem starren, autistischen, letztlich ungünstigen Verhalten: Sie blenden Alternativen aus, bringen Andersdenkende auf Kurs oder sondern sie aus der Gruppe aus – auch sonst kritisch Denkende werden mit einem Mal loyal und angepasst.

Kienbaum Expertentipp: Bleiben Sie offen

Beobachten Sie aufmerksam, ob in Ihrem Team aus dem eigentlich positiven Gruppendenken womöglich weltferne Resultate erwachsen. Immer dann, wenn sich eine Gruppe einigelt – im positiven oder negativen Sinne – wächst die Gefahr von Fehleinschätzungen.

Gerade in Drucksituationen sollten Sie dafür sorgen, dass für die Problemlösung maximal unterschiedliche Informationen herangezogen werden.

4.2 Teamarbeit in der Praxis

„Teamfähigkeit" ist eines der nachgefragtesten Kriterien in jeder Art von Stellenanzeigen. Vor allem komplexe sowie eine Organisation umfassend betreffende Aufgaben lassen sich im Team hervorragend bewältigen: Unterschiedliche Abteilungen beleuchten ein Problem aus verschiedenen Blickwinkeln und erreichen so für das Ganze das Beste – so zumindest in der Theorie.

Was Teamarbeit leisten kann – und was nicht

Vorteile und Grenzen der Teamarbeit

Die Überbetonung dieses Begriffs impliziert, dass Teamarbeit die Idealform für die Bewältigung beinahe aller Arbeitsaufgaben ist – der Königsweg, um herausfordernde Ziele zu erreichen. Da stellt kaum jemand noch die Frage, wo die wirklichen Vorteile der Teamarbeit liegen bzw. wo ihre Grenzen sind.

Vorteile der Teamarbeit

Keine Frage, viele Faktoren sprechen für die Arbeit in Teams:

- Stärken und Schwächen der Teammitglieder gleichen einander aus, es herrscht sogenannte Komplementarität,
- übergreifende Kommunikation ersetzt Bereichsegoismen,
- Hierarchien weichen Arbeitsweisen, die von weitgehender Selbstorganisation geprägt sind,
- Gleichberechtigung kommt dem menschlichen Bedürfnis nach Selbstverwirklichung entgegen,

- gesunder Wettbewerb im Team lässt Mitglieder zu Höchstleistungen auflaufen,
- kreative Denkansätze entstehen durch wechselseitige Inspiration.

Grenzen der Teamarbeit

Dennoch gibt es Situationen, in denen Teamarbeit nicht angebracht ist. Erfordert z. B. die Lage des Unternehmens ein rasches Handeln, sind die für Teams typischen umfassenden Diskussionsrunden eher hinderlich. Eine anberaumte Teamsitzung wirkt dann im Gegenteil frustrierend, wenn nach kurzer Diskussion eine schnelle Entscheidung „von oben" gefällt wird. Die Konsensorientierung eines Teams erfordert ein Mindestmaß an Zeit. Wirtschaftliche Krisenzeiten oder unternehmerische Sanierungssituationen benötigen dagegen schnelle und klare Entscheidungen – zugegebenermaßen zulasten einer breit angelegten Meinungsbildung.

Konsensorientierung eines Teams erfordert Zeit

Wenn in solchen Fällen dennoch Teams gebildet werden, spricht man von Hot-Groups, die nach kurzer Diskussion bereit sind, eine Entscheidung zu fällen, wohlwissend, dass nicht bis zum bitteren Ende diskutiert werden kann.

Führen im Team

Der Erfolg eines Teams hängt in hohem Maße von der Person des Teamleaders ab. Er hat die Aufgabe, das Team zusammenzusetzen und zu entwickeln, Ziele zu definieren, deren Erreichung zu kontrollieren und Entscheidungen zu fällen. Dem Teamleader muss die Gratwanderung gelingen, zwischen Polen zu agieren, wie z. B. Nähe und Distanz zu seinen Teammitgliedern. Er trägt die Verantwortung für das Ergebnis der Teamarbeit und muss oft damit leben, dass bei einem Erfolg seine ganze Mannschaft die Lorbeeren erntet, während er bei Misserfolg persönlich verantwortlich gemacht wird.

Aufgaben eines Teamleiters

Anforderungen an einen Teamleiter

Diese Situation erfordert eine klare Lösungsorientierung und auch eine bisweilen notwendige Härte. Andererseits werden vom Teamleiter auch weichere Faktoren gefordert:

- Er ist für Atmosphärisches und das Klima verantwortlich,
- er soll den individuellen Interessen der einzelnen Teammitarbeiter gerecht werden und
- er soll Kompromissfähigkeit zeigen.

Balance zwischen Personen- und Zielorientierung ist gefordert

Hier ist er also mehr Teammitglied als Chef. Und in diesem Dilemma der Ambivalenzen hat er sich zu bewegen, ohne allzu sehr in eine Richtung zu kippen. Ihm muss die sensible Balance zwischen Personen- und Zielorientierung gelingen.

Die vier Typen des Teamleaders

In Anlehnung an die Dimensionen von Paul Hersey und Kenneth H. Blanchard (s. Seite 55) lassen sich verschiedene Typen des Teamleaders unterscheiden. Als Beurteilungsdimensionen dienen auch hier:

- *Personenorientierung:* die Tendenz, sich mitarbeiterbezogenen Prozessen zu widmen. Das sind z. B. Konflikte, Entwicklung von Mitarbeitern, Beziehungsregulation usw.
- *Sachorientierung:* die Konzentration auf Ziele, Aufgaben und Prozesse.

Je nach Kombination bzw. prototypischer Ausprägung ergibt sich ein bestimmter Typus.

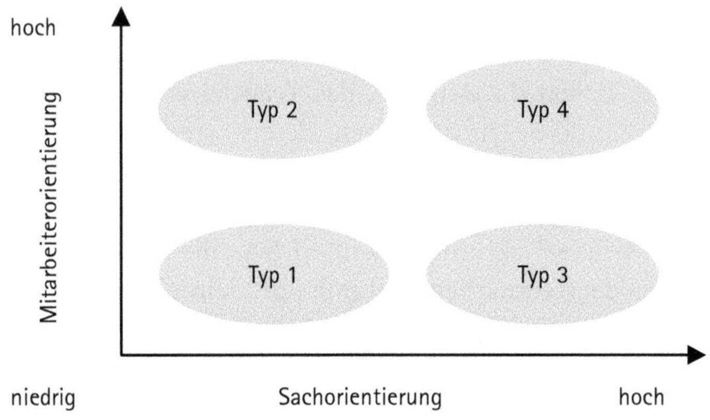

Die vier Typen des Teamleaders

Typ 1: Das Mauerblümchen

Personen- und Sachorientierung sind bei diesem Typus niedrig ausgeprägt. Die Aktivität ist gering, sowohl was die Mitarbeiter als auch was die Teamziele angeht. Als ein Teamleader ist eine Person mit einer solchen Tendenz nur schwer zu bezeichnen.
Typisches Zitat: „Ich fände es toll, wenn wir ein gemeinsames Ziel hätten."

Typ 2: Mr. Nice Guy

Dies sind Menschen mit einer sehr hohen Personenorientierung, aber gleichzeitig schwachen Sachorientierung. D. h., sie verfügen über hohe Empfindsamkeit und großes Einfühlungsvermögen. Zu befürchten ist bei einem solchen Typus eine Nachlässigkeit gegenüber den Teamzielen sowie mangelnde Konsequenzen im Handeln.
Typisches Zitat: „Lasst uns zunächst einmal bei einem Tee drüber reden."

Typ 3: Der Einpeitscher

Dieser Typ zeigt eine hohe Zielorientierung bei geringer Personenorientierung. Mit geringem Einfühlungsvermögen stößt er die Teammitglieder häufig vor den Kopf. Solche Teamleader werden vor und nach jedem Schritt das Ergebnis betrachten, d. h. sehr zielorientiert vorgehen.
Typisches Zitat: „Bei mir zählt nur eins: ein Topergebnis!"

Typ 4: Die Teamleader

Ein solcher Typ ist der Idealfall. Die Teammitglieder fühlen sich wohl, weil sie erfolgreich sind, und sie sind erfolgreich, weil sie zufrieden sind. Der Teamleader zeichnet sich durch eine Reihe von Eigenschaften aus, die jede für sich plausibel und wünschenswert ist, erst in ihrer Kombination jedoch die ganze Führungspersönlichkeit ausmachen. Durch eine ausgewogene Teamzusammensetzung und einen hoch qualifizierten Teamleader können sich Synergiepotenziale tatsächlich entfalten.
Typisches Zitat: „Wir balancieren unsere Zielorientierung und Eure persönlichen Bedürfnisse!"

Kompetenzen eines Teamleaders

Soft Skills eines Teamleiters

Der wesentliche Erfolgsfaktor für einen Teamleader ist also, die richtige Balance zwischen Sachorientierung einerseits und Personenorientierung andererseits herzustellen. Viele Teamleiter neigen mehr der einen oder der anderen Seite zu. Insgesamt lassen sich die Typen aber auf einige zentrale Soft Skills bzw. deren Ausprägung zurückführen (s. auch „Wichtige Kompetenzen einer Führungskraft“, Seite 11).

- *Führungsmotivation:* Sie ist Voraussetzung dafür, eine Gruppe erfolgreich zu führen. Dahinter steht ein positiv wahrgenommener Machtanspruch, der Wille, Verantwortung zu übernehmen. Auch der Typus des Einpeitschers und des Nice Guy wollen führen. Das Mauerblümchen dagegen nicht.
- *Handlungsorientierung:* Handlungsorientierte Menschen tendieren zu unbürokratischen und schnellen Lösungen. Sie vermeiden ausführliche, tiefschürfende Analysen und Routinearbeiten. Sie handeln, statt zu warten. Ein Teamleader, der keine Entscheidungen trifft, blockiert ein Team.
- *Flexibilität:* Erfolgreiche Teamleader sollten abwechslungsreiche Arbeit schätzen. Ein streng geordnetes Vorgehen, eine absehbare Planerfüllung ist nicht das Ziel. In der Spannung und Herausforderung liegt ein Hauptmotivator.
- *Kontaktstärke:* Ungezwungen mit anderen in Kontakt treten und emotionale Barrieren überspringen zu können, sind sehr hilfreiche Aspekte für einen Teamleiter. Diese Kompetenz definiert auch grundlegend den Begriff der Personenorientierung.
- *Empfindsamkeit:* Notwendig für einen erfolgreichen Teamleader ist ein gesundes Maß an Robustheit, d. h., er sollte weder allzu labil und misserfolgsorientiert auf Störungen reagieren, noch sollte ihn ein zu dickes Fell blind machen für atmosphärische Störungen im Umfeld.
- *Kooperationsbereitschaft:* Eine Grundvoraussetzung für den Erfolg als Teamleiter ist die Kooperationsbereitschaft. Nur wer tatsächlich davon überzeugt ist, dass sich in der Gruppe viele Probleme effizienter lösen lassen, sollte sich überhaupt in die Teamarbeit und deren Leitung begeben.

- *Konfliktbereitschaft:* Konfliktbereite Menschen gehen einer Auseinandersetzung nicht aus dem Weg. Es wirkt sich positiv auf das Team aus, dass Auseinandersetzungen auf der Sachebene sofort angegangen werden. Entscheidungen werden zügig gefällt und nicht auf die lange Bank geschoben. Eine zu hohe Konfliktbereitschaft kann sich allerdings auf das Teamklima sehr ungünstig auswirken.
- *Offenheit:* Die Teamarbeit profitiert von einem offenen und ehrlichen Teamleader. Alle Informationen werden transparent gehandhabt und nicht aus politischen Zwecken zurückgehalten. So wissen alle Teammitglieder immer schnell, woran sie sind.
- *Gewissenhaftigkeit:* Für Führungskräfte typisch und gleichzeitig günstig ist eine tendenziell niedrige Gewissenhaftigkeit. Denn eine sehr hohe Gewissenhaftigkeit führt zu einer durch Sachprobleme ausgelösten inneren Blockade. Mit einem Leiter, der sich über Gebühr in Detailprobleme verstrickt, ist einem Team wenig geholfen. Dennoch sollte gelten: Vereinbarungen werden eingehalten, Aufgaben und auch komplexere Vorhaben werden mit Sorgfalt verfolgt und mitunter detailliert geplant. Begonnene Tätigkeiten werden nicht vorschnell beendet.
- *Einfühlungsvermögen:* Einem einfühlenden Menschen fällt es leicht, sich in die Gedanken anderer hineinzuversetzen. Unbehagen, aber auch Zufriedenheit bei anderen nimmt er schnell wahr. Menschen mit hohem Einfühlungsvermögen überlegen sich bereits im Vorfeld, welche Auswirkung das eigene Tun auf andere haben kann, da sie versuchen, das Empfinden anderer vorwegzunehmen.

Welche Aufgaben hat ein Teamleader?

Das Aufgabenspektrum eines Teamleaders beinhaltet viele Aspekte, die reines Führungshandeln kennzeichnen und über Fachaufgaben deutlich hinausgehen.

Aufgaben reichen über Fachaufgaben hinaus

Ziele setzen und kontrollieren

Alle Aktivitäten eines Teamleiters dienen dazu, die gestellten Aufgaben zu lösen, um ein konkretes Ziel zu erreichen. Eine L'art-pourl'art-Mentalität, die Teamleiter manchmal an den Tag legen, ist fehl am Platze. Sie sind vielmehr aufgefordert, klare Zielbeschreibung zu verfassen, Transparenz über Rahmenbedingungen zu schaffen, Aufgaben zu verteilen und sich mit dem Team auf die Vorgehensweisen zu einigen.

Jedes Teammitglied muss seinen Beitrag zum Ganzen kennen

Hinzu kommt, dass diese Ziele kommuniziert werden müssen, sodass jedes Teammitglied nachvollziehen kann, worin sein eigener persönlicher Beitrag zum Ganzen besteht. Die Kontrolle individueller Zielerreichungen ist hierbei kein Zeichen für Misstrauen, eher eine selbstverständliche Pflicht des Teamverantwortlichen.

Aufgaben koordinieren

Eine zentrale Aufgabe des Teamleaders ist einerseits, übergeordnete Ziele auf die Ebene der Tätigkeitsfelder der Mitglieder herunterzubrechen, andererseits, die einzelnen Aufgabenfelder systematisch miteinander zu verzahnen. Mit anderen Worten: Er ist mit der Verknüpfung der einzelnen Arbeitsanteile untereinander beschäftigt, fügt das Teamergebnis in den Unternehmensablauf ein.

Das Team entwickeln

Es obliegt dem Teamleiter, Aktivitäten und Beiträge zu organisieren, die dazu dienen, dass das Team als solches leistungsfähig wird und bleibt. Dazu gehören alle Bemühungen, um aus einer Menge von Menschen ein echtes Team zu formen und zwischen ihnen ein Wir-Gefühl und Zusammenhalt entstehen lassen.

Entscheidungen vertreten

Teamentscheidungen nach außen vertreten

Die Position des Teamleaders umfasst die Verantwortung für Entscheidungen – unabhängig davon, ob sie vom ganzen Team oder vom Chef allein gefällt wurden. Oft kommt es vor, dass der Teamleiter etwas entscheiden muss, was das Team nicht entscheiden kann oder muss.

Bisweilen stimmt auch die Aussage, es sei schlimmer, keine Entscheidung zu fällen als zu handeln. Hier muss der Teamleiter dann die Fähigkeit beweisen, mit Widerständen umgehen und auch mit möglichen Fehlentscheidungen zurechtkommen zu können.

Mitarbeiter fördern und fordern

Teamleader haben unterschiedliche Menschen zu führen (s. Seite 22). Ziel ist dabei nicht, letztere gemäß der Ansprüche anderer zu verändern. Vielmehr besteht die Führungsaufgabe darin, Menschen in ihren Fähigkeiten und Verhaltensweisen zu entwickeln. Mit den Worten Goethes: „Behandle die Menschen nicht so, wie sie sind, sondern als wären sie bereits so, wie Du sie haben möchtest."

Im Konfliktfall mediieren

Konflikte sollten thematisiert werden

In diesem Kontext bedarf es zunächst der Sensibilität, Konflikte überhaupt wahrzunehmen. Die Offenheit im Team sollte so groß sein, dass Streitigkeiten nicht verborgen ausgetragen werden, sondern thematisiert werden. Ein strukturierter Teamentwicklungsprozess (s. Seite 179) kann hierfür die geeigneten Voraussetzungen schaffen. Der Teamleader hat die Aufgabe, den Konfliktkern benennen zu können, transparent zu machen und zu einer für alle tragbaren Lösung zu führen (s. Seite179).

Das Team vertreten

Nach außen übernimmt der Teamleader die Verantwortung für das Auftreten und die Ergebnisse des Teams. Gleichzeitig ist es seine Aufgabe, sich als Sprecher und Lobbyist für die Belange des Teams im Unternehmen stark zu machen. Er ist Mittler zwischen der Außenwelt und ihrer Interessen sowie den Wünschen des Teams. Hierbei kann er auch zwischen die Fronten geraten.

Kienbaum Expertentipp: Fachmann als Teamleiter?

Die Aufzählung der vielfältigen Führungsaufgaben eines Teamleiters zeigt bereits: Der reine Fachmann stellt keine Idealbesetzung für diese Aufgabe dar.

Wie Sie im Team mit den verschiedenen Typen umgehen

Erfolgreiche Teams sind meist komplementär zusammengesetzt, d. h., möglichst jeder Typ aus dem Vier-Typen-Modell sollte vertreten sein – *Treiber*, *Analytiker*, *Ausdrucksvoller* und *Zuverlässiger*

(s. Seite 23). Gerade die Unterschiedlichkeit der einzelnen Mitglieder macht den Erfolg aus. Das setzt aber voraus, dass sowohl Teamleader als auch Teammitglieder in der Lage sein sollten, Stärken, Bedürfnisse und Schwächen der anderen zu erkennen und manches auch zu akzeptieren. Im Idealfall wird der andere gerade in seinem Anderssein geschätzt.

Wie erreichen die Typen ihre volle Leistungsfähigkeit?

In der praktischen Arbeit stellt sich die Frage, wie der Teamleiter mit dem jeweiligen Typ umgehen sollte, damit dieser seine volle Leistungsfähigkeit entfaltet.

So sollten Sie mit dem *Treiber* umgehen

- Kommen Sie in Gesprächen direkt zum Thema.
- Geben Sie ihm Gelegenheit, zusätzliche Verantwortung zu übernehmen und Erfolge zu erzielen.
- Überlassen Sie ihm die Initiative. Legen Sie Grenzen fest und lassen Sie ihm sonst freie Hand.

Dieses Verhalten spornt den *Analytiker* an

- Schaffen Sie ein Umfeld, welches Sicherheit bietet, z. B. durch klar definierte Regeln, Richtlinien etc.
- Delegieren Sie Aufgaben, die Genauigkeit und Präzision erfordern.
- Seien Sie immer gut vorbereitet, argumentieren Sie sachbezogen und halten Sie Zusagen unbedingt ein.

Möglichkeiten, den *Ausdrucksvollen* zu motivieren

- Achten Sie auf eine partnerschaftliche Beziehung. Seien Sie freundlich, gelassen und nicht allzu förmlich.
- Geben Sie dem Expressiven die Möglichkeit, im Rampenlicht zu stehen.
- Schaffen Sie ein Umfeld, in dem Leistung und Erfolg anerkannt und gewürdigt werden.

Umgang mit dem *Zuverlässigen*

- Schaffen Sie ein sicheres, risikofreies Umfeld. Bleiben Sie beständig und berechenbar in Ihrem Verhalten.

- Bereiten Sie Veränderungen gut vor und führen Sie diese schrittweise und ohne Druck ein.
- Zeigen Sie echte Anerkennung für Leistung und signalisieren Sie authentisches Interesse an der Person.

Kienbaum Expertentipp: Entwicklungen im Team

Beobachten Sie, wie sich die Gruppe und die einzelnen Mitglieder entwickeln. Häufig bilden sich in Teams bei einzelnen Mitgliedern aufgrund der Persönlichkeit Typologien heraus, die über fachliche und methodische Kompetenzen hinausgehen.

Es kommt auch vor, dass sich in Teams für bestimmte „Persönlichkeiten" förmlich Lücken bilden, die von einem neuen Teammitglied ausgefüllt werden sollten.

4.3 Wie aus einer Gruppe ein Team wird

Teambuilding lässt sich aus verschiedenen Perspektiven betrachten. Einerseits ist es ein Prozess, der auch in ungesteuerten Teams in relativ systematischer Weise abläuft, das ist das natürliche Teambuilding. Andererseits besteht aber auch die Möglichkeit, aktiv in den Teambuildingprozess einzugreifen.

Teambuilding läuft natürlich ab, kann aber auch aktiv gesteuert werden

Welche Prozesse im natürlichen Teambuilding ablaufen

Teams sind dynamische Gebilde, die einem natürlichen Entwicklungsgang unterliegen und typischerweise die vier Phasen Forming, Storming, Norming und Performing durchlaufen (nach B. W. Tuckmann, 1965):

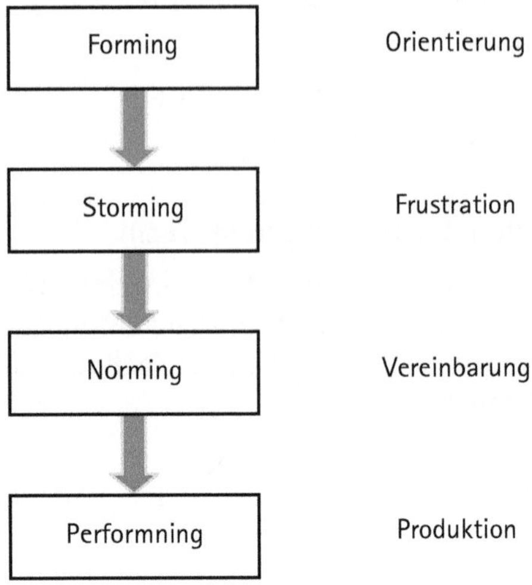

Die vier Phasen der Teamentwicklung

Auch Rückschritte sind möglich

Diese Phasen gehen fließend ineinander über und können sich zeitweise überlappen. Auch ein Rückschritt von einer Phase in die vorhergehende ist in bestimmten Situationen möglich, z. B. bei veränderten Rahmenbedingungen, einem neuen Auftrag oder neuen Teammitgliedern. Allerdings stellen diese Phasen keinen Automatismus dar und laufen nicht ohne aktives Mitwirken der Teammitglieder ab.

1. Phase: Forming

Das Team formt sich. Die Mitglieder treffen erstmals zusammen, sind neugierig und vorsichtig zugleich. Sie „beschnuppern" einander, tasten sich zur eigenen Rolle vor und versuchen zu ermitteln, welche die Rollen der anderen werden könnten. Auf diese Weise kommt es in der ersten Phase weder zu Konflikten noch zu überschwänglichen Verbrüderungen, es herrscht eher eine höfliche Unverbindlichkeit: Man orientiert sich. In der Formingphase ist es wichtig, dass

- die sachlichen Zusammenhänge möglichst schnell erkannt werden,
- die Erwartungen und Vorstellungen anderer Teammitglieder aktiv erfragt werden.

2. Phase: Storming

In dieser Organisationsphase einigen sich die Teammitglieder auf Vorgehensweisen und Spielregeln. Aufgaben werden verteilt und Schnittstellen definiert. An diesem Punkt entscheidet sich, ob der Teamleader nur Leitlinien definieren muss und das Team sich innerhalb dieser Grenzen selbst organisiert oder ob er doch eine aktivere Rolle übernehmen muss, um eventuell später das Team zur gewünschten Reife zu führen.

Die Gruppe organisiert sich

Kienbaum Expertentipp: Interessenkonflikte möglich

Die Stormingphase ist kritisch. Hier können möglicherweise Interessenkonflikte zwischen Teammitgliedern auftreten, es kann zum „Sturm" kommen – daher der Name. Frustration entsteht. In dieser Situation ist es wichtig, dass der Teamleader die Kontrolle behält.

Während der Frustrationsphase gilt es,

- beruhigend zu wirken und zu vermeiden, dass Konflikte geschürt werden,
- emotionale Entgleisungen anderer nicht überzubewerten,
- Sicherheit und Ruhe zu vermitteln, insbesondere den verwirrten und besorgten Teammitgliedern,
- die sich entwickelnden Macht- und Rollenstrukturen zu beobachten.

Aufgaben während der Frustrationsphase

3. Phase: Norming

Sobald die Einsicht herrscht, dass es so wie in der Stormingphase nicht weitergehen kann, beginnt die Suche nach konstruktiven Lösungswegen. Das schließt die sozialen Umgangsformen, Ansprüche aneinander, Spielregeln sowie den Umgang mit Konflikten ebenso ein wie die Arbeitsmethodik und Koordination. Offene und konstruktive Diskussionen, auch mit externer Unterstützung, sind Voraussetzung für die Bewältigung dieser Teamphase. Im Fokus der Teamarbeit steht die Entwicklung des Wir-Gefühls. Der Teamleiter sollte in dieser Phase

- Ziele, Aufgaben, Rollen und Verantwortlichkeiten vereinbaren,
- die ersten Arbeitserfolge würdigen,
- Gemeinsamkeiten und gegenseitige Akzeptanz durch regelmäßige Treffen, auch „off the job", fördern.

4. Phase: Performing

Hier hat das Team den Zustand der Reife erreicht und dreht sich weniger um sich selbst, sondern kann sich auf die gemeinsame Arbeit konzentrieren. Das Wir-Gefühl erreicht ein neues Niveau und die Mitarbeiter freuen sich, aktive Teile des Teams zu sein. Es existiert ein starkes Vertrauen der Teammitglieder in sich selbst und in das Team.

Mit diesem Rückenwind nimmt das Team neue Herausforderungen selbstbewusst in Angriff. Der Teamleader hat im besten Fall nur eine Seismographenfunktion, um rechtzeitig wahrzunehmen, wenn das Team in frühere Phasen zurückfällt und sein Troubleshooting verlangt wird. In der Produktionsphase gilt es,

- die informellen Treffen zu verstärken,
- gegenseitige Unterstützung zu fordern und zu fördern, z. B. durch eine entsprechende Aufgabenverteilung,
- die Beiträge Einzelner zum Projekterfolg hervorzuheben.

Wie Sie das Teambuilding aktiv vorantreiben können

Entwicklung des Team steuern

Die Entwicklung eines Team lässt sich aktiv beeinflussen. Vor allem in der Stormingphase gilt es Transparenz zu schaffen und die Prozesse gezielt so voranzutreiben, dass das Team die Performingphase schnell erreicht, ohne in frühere Stadien zurückzufallen.

Führung in stürmischen Zeiten

Aktives Teambuilding in der Stormingphase bedeutet, dass der Teamleiter sein Team bei der Zielerreichung und Entwicklung eines konstruktiven Teamklimas unterstützt. Ein Teil davon ist, den Teammitgliedern dabei zu helfen, ihre Fähigkeiten zu entwickeln und in das Vorhaben einzubringen. Weiter muss der Teamleiter das Team begleiten, wenn die Spielregeln der Zusammenarbeit entstehen. Besonderes Augenmerk verdient dabei der Umgang mit Konflikten. Hier sollte die Konfliktmediation als Musterlösung etabliert werden.

Stillstand überwinden

Eine aktive Unterstützung der Teamarbeit ist aber auch dann angezeigt, wenn die Teamentwicklung in kritischen Situationen der anderen Phasen stagniert oder die Teammitglieder allgemein das Bedürfnis haben, die Zusammenarbeit und Kommunikation zu verbessern. Einige Warnhinweise zeigen dem Teamleiter, dass ein aktives Teambuilding angebracht ist:

Wann ist aktives Teambuilding angesagt?

- mangelhafte Kommunikation und Kooperation unter den Teammitgliedern,
- fehlende Konfliktbereitschaft,
- mangelnde Entscheidungsfähigkeit,
- fehlendes Wir-Gefühl,
- unklare Rollendefinitionen,
- fehlende Zielorientierung,
- Stress und Konkurrenzdruck im Team oder
- sonstige zwischenmenschliche Konfliktfelder.

Was Sie mit aktivem Teambuilding erreichen können

Ziel einer solchen Unterstützung des Teams ist es, die Teammitglieder auf ein gemeinsames Ziel zu verpflichten und die Kommunikation untereinander zu fördern und zu verbessern. Die bestehenden Spannungen und Konflikte werden abgebaut und der Teamgedanke und das Wir-Gefühl gestärkt. Nur so kann er Teamleiter erreichen, dass die gewünschten positiven Synergieeffekte in der Zusammenarbeit auch zum Tragen kommen.

Wie eine Teambildung aufgebaut ist

Drei Ebenen beim Teambuilding

Teambuildings, die von externen Beratern und Trainern durchgeführt werden, haben den Vorteil, dass weder politische noch hierarchische Faktoren innerhalb des Unternehmens den Prozess gefährden können. Zudem hat ein außenstehender Beobachter mehr Abstand zur Sache und – vor allem – zu den Emotionen. Beim Teambuilding werden drei Ebenen angesprochen:

- *Reflexion des eigenen Verhaltens und des Teamgeschehens*
  Sowohl das Team als Ganzes als auch jeder einzelne Mitarbeiter wird zur Selbstreflexion angehalten. Das Teammitglied soll sich auf der individuellen Ebene mit Fragen wie „Wie wirke ich auf

andere und was löst mein Verhalten bei anderen aus?“ oder „Was bedeutet mein Verhalten für das Team als Ganzes?“ offen auseinandersetzen. Diese Vorgehensweise berührt grundlegende Verhaltensmuster des Einzelnen im Team, die für den Teamerfolg von Bedeutung sind.

Auf der Ebene des Teams gilt es, den Umgang miteinander, die Art und Weise des Kommunizierens und des Zusammenarbeitens zu thematisieren. „Wie gehen wir miteinander um?“, „Wie geben wir uns Feedback?“, „Was macht unser Team aus?“ sind typische Fragen zur Selbstreflexion eines ganzen Teams. Dies dient insbesondere zur Standortbestimmung.

- *Erkennen und Steuern der stattfindenden gruppendynamischen Prozesse*

Verhaltensmuster und Angewohnheiten offenlegen

Im nächsten Schritt geht es darum, die gruppendynamischen Prozesse im Teams zu entdecken und zu bearbeiten. Dafür werden Verhaltensmuster und Angewohnheiten offengelegt, die sich unmittelbar auf die Beziehungen im Team auswirken und gleichzeitig von diesen beeinflusst werden. Im Teamtraining werden die vorhandenen Rollen vorsichtig angesprochen und hinterfragt, Alternativen werden entwickelt und ausprobiert. Dadurch haben die Teammitglieder die Möglichkeit, selbst zu beobachten und zu entscheiden, wie viel sie von ihrer Teamrolle behalten wollen oder ob es Alternativen gibt, die attraktiv genug sind, um eine Verhaltensänderung durchzuführen.

- *Sicherheit für den zukünftigen Umgang mit Konflikten*

Die anschließende Entwicklung von Spielregeln für den Konfliktfall soll nicht für eine dauerhafte und unbedingte Harmonie sorgen, sondern eine Streitkultur ermöglichen, bei der aus Konflikten gelernt wird. Die Teilnehmer des Teamtrainings lösen zu diesem Zweck Konflikte exemplarisch.

Voraussetzung dafür ist die Entwicklung einer Teamkultur, die es ermöglicht, sich Auseinandersetzungen zu stellen und zu eigenen Fehlern zu stehen. Den Mut aufzubringen, sich mit Konflikten zu konfrontieren, fällt dem Einzelnen leichter, wenn vorgelebt wird, dass eine konstruktive Konfliktbearbeitung möglich ist, und wenn die Spielregeln entsprechend eingehalten werden.

5 Wie Sie Konflikte geschickt managen

Konflikte stellen für Führungskräfte oft eine besondere Herausforderung dar. Sie sind meist emotional und gefühlsbeladen, zu den inhaltlichen Differenzen, die z. B. auch bei harten Verhandlungen vorliegen, tritt ein Involviert-sein hinzu, das in aller Regel zu persönlichem Unwohlsein und zu Anspannung führt. In Auseinandersetzungen treten typische Phänomene der Wahrnehmungsverzerrung und – was den Konfliktverlauf angeht – bestimmte, fast stereotypisierte Handlungsabfolgen auf.

Was können Führungskräfte zur Konfliktlösung tun?

Konflikte führen zu Reibungen, zu einer Störung der Abläufe und sind unter dem Gesichtspunkt der Arbeitsproduktivität absolut dysfunktional. Konfliktfähigkeit ist daher ein Soft Skill, der in standardisierten Auswahlverfahren immer häufiger zu einer Schlüsselqualifikation wird. Auch wenn sich Streitigkeiten letztlich nie vollständig vermeiden lassen, kann man dennoch von Mitarbeitern und Führungskräften ein Verhalten erwarten, das zur Lösung der Konflikte beiträgt. Oft haben außenstehende Beobachter allerdings das Gefühl, dass sich die beteiligten Parteien im Kreise drehen und dass sie sich teilweise ohne externe Moderation nicht aus den sich immer und immer wiederkehrenden Schleifen befreien können. Es ist unverständlich, wenn Menschen im betrieblichen Umfeld Verhaltensweisen an den Tag legen, die sogar gezielt darauf gerichtet sind, Auseinandersetzungen anzuheizen. Die Frage, wie im professionellen Umfeld mit Konflikten umgegangen werden soll, ist Gegenstand des Konfliktmanagements.

Für die Führungskraft kommt erschwerend hinzu, dass sie auf zweierlei Arten an Auseinandersetzungen beteiligt sein kann: zum einen, indem es sich um einen eigenen Konflikt handelt, den sie z. B. mit einem Kollegen austrägt; häufiger aber noch, indem sie als externer Moderator oder Berater bei Streitigkeiten zwischen ihren Mitarbeitern vermitteln muss. Dann hat sie bisweilen Mühe, nicht selbst in den Konflikt hineingezogen zu werden.

5.1 Welche Arten und Ursachen gibt es?

Unvereinbare Elemente treffen aufeinander

Von Konflikten ist dann die Rede, wenn zwischen den Akteuren, das können Organisationen, Gruppen oder Einzelpersonen sein, eine wechselseitige Beziehung besteht, im Rahmen dieses Miteinanders Unvereinbarkeiten im Denken, Fühlen und Wollen bestehen und sich diese Unvereinbarkeiten im Handeln niederschlagen.

Wie wird der Konflikt ausgetragen?

Die Psychologie und die einschlägige Literatur unterscheiden verschiedene Konflikttypen. Eine erste Unterscheidung wird zwischen heißen und kalten Konflikten getroffen.

Merkmale eines heißen Konflikts

Unterscheidung von heißen und kalten Konflikten

Heiße Konflikte bestehen in einem aktiven, aggressiven Aufeinanderprallen zwischen den Parteien. Es wird offen diskutiert, gestritten, miteinander gerungen, miteinander gekämpft.

Beispiel: Heißer Konflikt

Zwei Kollegen tragen einen offenen Streit aus. Wenn sie sich auf dem Gang begegnen, fallen abfällige Bemerkungen. Es wurde auch schon beobachtet, dass sie sich auf dem Hof anschreien und offensichtlich kurz davor sind, tätlich zu werden. Aus der offenen Feindschaft machen beide, wenn man sie darauf anspricht, keinen Hehl.

Kennzeichen eines kalten Konflikts

In kalten Konflikten dagegen arbeiten die Konfliktparteien auf subtile, destruktive Weise gegeneinander. Nicht Aggression, sondern Resignation, Verbitterung bestimmen das emotionale Geschehen.

Beispiel: Kalter Konflikt

Die Mitarbeiter und Mitarbeiterinnen des Vertriebs und des Produktmanagements tragen einen sogenannten kalten Konflikt aus. Sie enthalten sich Informationen vor, sprechen hinter vorgehaltener Hand schlecht über die andere Seite, einzelne Mitarbeiter machen sogar vor Kunden abschätzige Bemerkungen. Wenn die Konfliktparteien intern von anderen Kolleginnen und Kollegen auf ihr Verhalten angesprochen werden, wiegeln sie ab und verharmlosen. Zwischen den Abteilungsleitern herrscht Funkstille. Auch die anderen Führungskräfte stellen sich dem Konflikt nicht.

Warum ist die Unterscheidung wichtig?

Die Suche nach der richtigen Interventionsstrategie

Diese Unterscheidungen werden spätestens dann sehr interessant, wenn ein externer Moderator den Konflikt lösen soll und nach der richtigen Interventionsstrategie sucht. Für ihn sind kalte Konflikte eine große Herausforderung. Denn die zu moderierenden Konfliktparteien leugnen auf direkte Nachfrage sogar, dass es Unstimmigkeiten gibt: „... wie kommen Sie denn darauf? Wir verstehen uns wirklich prächtig." Der Moderator muss in dieser Situation – im Gegensatz zu einem heißen Konflikt – die Auseinandersetzung zunächst an die Oberfläche holen. Ein heißer Konflikt ist dagegen sichtbar, auch für den Moderator spürbar, z. B. an der Stimmung der Konfliktparteien.

Was sind formgebundene und formlose Konflikte?

Formlose und formgebundene Konflikte

Eine weitere Unterscheidung wird zwischen formgebundenen und formlosen Konflikten getroffen. Formgebundene Konflikte bestehen z. B. aus dem rituellen, regelmäßigen Aufeinanderprallen von Tarifparteien. Formlose Konflikte folgen dagegen keiner immanenten Regel und bedienen sich keiner ritualisierten Angriffs- oder Verteidigungstechnik.

Für Konfliktmoderatoren ist auch diese Unterscheidung interessant, denn in formgebundenen Konflikten sind die Beteiligten oft wesentlich weniger persönlich involviert. Die Form gibt gleichzeitig auch die Grenzen des Konflikts vor, wodurch eine gewisse Schutzwirkung für die beteiligten Individuen entsteht. Allerdings lassen sich solche formgebundenen Konflikte auch ungleich schwieriger moderieren. Techniken, die zu einer Konfliktlösung beitragen, indem sie individuelles Verständnis oder persönliche Nähe herstellen, können nur schlecht eingesetzt werden. Der Moderator kann in einem formgebundenen Konflikt nicht einfach zwei Beteiligte an einen Tisch bringen und versuchen, mittels einer Konfliktmoderation einen besseren, einen verständnisvolleren Umgang miteinander zu erreichen.

Kienbaum Expertentipp: Konfliktarten

Im Führungskontext sind formgebundene Konflikte eher selten. Typisch sind formlose, chaotische, wenig vorhersehbare Konfliktverläufe.

Diese externen Ursachen kann ein Konflikt haben

Konflikte lassen sich nicht anhand einer einzigen Theorie beschreiben

Es gibt keine Theorie aus der Psychologie oder einer anderen wissenschaftlichen Disziplin, die eine pauschale und umfassende Erklärung geben kann, wie Konflikte entstehen. Ein solcher Versuch wäre auch unsinnig, denn Konflikte sind so vielfältig, dass eine umfassende Erklärung an der Wirklichkeit scheitern muss. Allerdings gibt es Überlegungen, welche Bedingungen Konflikte fördern können. So stellen einige Konfliktmodelle die Organisationsform in den Mittelpunkt.

Welches Konfliktpotenzial die Form der Zusammenarbeit birgt

Ein typischer Punkt, an dem Abteilungen, die für ein Gesamtziel ihre Aktivitäten koordinieren müssen – also in einem gleichrangigen Verhältnis zueinander stehen –, aneinandergeraten, ist die Informationsweitergabe. Dieses Konfliktrisiko steigt, wenn es sich um vernetzte Vorgänge handelt, also eine Abteilung erst tätig werden kann, wenn die andere bestimmte Aufgaben erledigt hat.

Beispiel: Konfliktpotenzial in Verwaltungen

Die Abteilung Kassenwesen kann ihre Überweisung erst tätigen, wenn die Personalabteilung die Einstellungsunterlagen vollständig bearbeitet hat. Die Personalabteilung ihrerseits kann erst dann die Unterlagen komplett bearbeiten, wenn alle Informationen aus den Außenstellen vorliegen.

Auch Hierarchien sind typische Konfliktherde: Übergeordnete Instanzen können durch Anweisungen, Verordnungen oder Sanktionen in den Entscheidungsspielraum der nachgeordneten Abteilungen und Stellen eingreifen. Streitigkeiten sind hier häufig das Resultat der Form des Eingriffs. So kann hier der Missbrauch von Macht, unkluge Entscheidungen hinsichtlich der Arbeitsabläufe der betroffenen Abteilungen und Stellen usw. für Auseinandersetzungen sorgen.

Wie der Organisationstyp zu Streitigkeiten führen kann

Auch die Form der Organisation an sich kann ein potenzieller Konfliktherd sein. So gibt es typische Konflikte in Dienstleistungsunternehmen sowie in Unternehmen, die sich vornehmlich als produzierend begreifen, z. B. das Werk eines Automobilherstellers.

Organisationsform kann zu Konflikten führen

Beispiel: Konfliktpotenzial in einer Werbeagentur

In einer Werbeagentur nehmen die Kreativen gewisse professionelle Freiheiten für sich in Anspruch, z. B. kommen sie morgens um 11 Uhr und gehen abends um 23 Uhr. Ein Agenturleiter, der versucht, hier geregelte Arbeitszeiten einzuführen, kann sich des Widerstands seiner Mitarbeiter sicher sein. Das „Freiheitliche" in der Struktur der kreativen Arbeit bietet bereits ein Konfliktpotenzial an sich.

In einem großen Unternehmen würde sich die Frage nach derart flexiblen Arbeitszeiten wohl niemals stellen, denn die Organisation bzw. der Organisationstyp verfolgt völlig andere Ziele: nämlich im ersteren Fall die Produktion von Kreativität und im Fall die Verwaltung und Sicherstellung effizienter Prozesse und Abläufe.
Für Organisationsberater ist es in jedem Fall sehr sinnvoll, mögliche Konfliktherde zu kennen. Konfliktbewältigung heißt auch, eine Auseinandersetzung in ihrem Ausgangspunkt zunächst richtig zu lokalisieren, bevor Maßnahmen vorgeschlagen werden können.

Konfliktpotenziale, die im zwischenmenschlichen Umgang liegen

Bei allen denkbaren externen Faktoren, also Organisationstypen, Arbeitsabläufen usw. – es ist vor allem der persönliche Umgang der Menschen miteinander, der einen wesentlichen Konfliktherd bildet. Auch die angesprochenen Organisationsformen bieten zunächst nur

die Konfliktpotenziale, es ist keineswegs zwingend, dass sich an den typischen Fragen auch Streitigkeiten entzünden.
Sofern strukturelle oder sachliche Gründe zum Streit führen, kommt es darauf an, wie die Konfliktparteien mit den entstehenden Konflikten umgehen. Die Ursachen liegen nicht immer in der Reichweite der Einzelnen. Und hier kommt das Individuum ins Spiel.

Die Frage der Persönlichkeit

Gibt es so etwas wie eine Konfliktpersönlichkeit?

Gibt es Menschen, die einfach streitsüchtig sind? Oder andere, die dagegen auf Konsens, auf das Sich-Vertragen aus sind? Die Alltagswahrnehmung legt einen solchen Schluss zunächst nahe. Jeder kennt Kollegen und Kolleginnen, die man ohne weiteres als pflegeleicht bezeichnen kann. Sie sind nur selten launisch, in aller Regel zu jedermann höflich, tolerant, belastbar, wenig aggressiv. Andere dagegen sind in ihrem Umgang häufig ehrverletzend, rigide, emotional labil, Dritte nehmen sie auch als aggressiv wahr. Dann wieder begegnen einem Menschen, die im betrieblichen Umfeld immer wieder ähnliche Grenzen überschreiten und wiederkehrend bestimmte Regeln verletzen. Und so ist man geneigt, ein bestimmtes Muster zu erkennen: Der eine ist cholerisch, der andere ist empfindlich, Frau Meier ist kompliziert, Herr Jost ist unverbindlich.
In der Psychologie werden im Rahmen von Persönlichkeitsmodellen Unterschiede zwischen Menschen beschrieben (s. auch Seite 22). Dennoch lässt sich aus einem Persönlichkeitswesenszug allein nicht ableiten, warum gerade diese Person in genau diesem Unternehmen spezifische Konflikte erlebt. Die Persönlichkeit ist hier nur eine von den vielen Variablen.

Das Umfeld ist entscheidend

Wichtig sind die Überlegungen, in welchem Unternehmen jemand tätig ist, an welchen Aufgaben er sitzt und mit welchem Typ Kollege er zusammenarbeitet. Die beobachtbare schwierige Art im persönlichen Auftreten kann, muss aber nicht mit dem Persönlichkeitstypus zusammenhängen. Vielfach liegt dies einfach an mangelnden, aber durchaus erlernbaren Soft Skills, z. B. an der geringen Fähigkeiten zum Konfliktmanagement im beruflichen Umfeld.

Eigenverantwortung ist bei Konflikten gefordert

Persönlichkeitsmodelle taugen nicht als Erklärung für Konflikte

Dies ist auch der Grund, warum es nicht sinnvoll ist, sich auf die Suche nach Persönlichkeitstypen oder -strukturen zu machen, die die Entstehung von Konflikten begünstigen. Persönlichkeitsmodelle verraten den Führungskräften nicht, was sie tun können. Außerdem könnten sie als eine ebenso schnelle wie platte Entschuldigung missbraucht werden: „Er ist halt so." Anders dagegen ist die Schlussfolgerung, wenn die Führungskraft feststellt, dass ein Mitarbeiter nicht über die betrieblich notwendigen Konfliktmanagementfähigkeiten verfügt. Dann kann die Konsequenz nur sein, diesen darin zu schulen, er muss sich die notwendigen Kompetenzen aneignen.

Konfliktmanagement kann und muss man lernen

Dies wirft die Situation auf die Gestaltungsmöglichkeiten des Einzelnen zurück. Konfliktmanagement wird zu einer Form der eigenen Verantwortlichkeit, aus der heraus es keine Entschuldigung für bestimmte Verhaltensweisen gibt – weder für die Führungskräfte noch für die Mitarbeiter. Jeder ist – abgesehen von extremen Situationen – für ein möglichst reibungsloses Miteinander verantwortlich. Konfliktmanagement gehört sozusagen zur Werkzeugkiste eines jeden Mitarbeiters.

Kienbaum Expertentipp: Appell an die Verantwortung

Vermitteln Sie Ihren Mitarbeitern, dass zwischenmenschliche Konflikte vermeidbar sind. Das erfordert vor allem den Willen, solche Auseinandersetzungen gar nicht erst entstehen zu lassen - und natürlich erlernbare kommunikative und soziale Kompetenzen. Unabhängig von Temperament, Vorgeschichte und Arbeitssituation muss eine reibungslose Zusammenarbeit gewährleistet sein.

5.2 Die individuellen Voraussetzungen für Konflikte

Wenn von Menschen gefordert wird, mit auftretenden Konflikten verantwortungsvoll und professionell umzugehen, dann ist ein Verständnis, welche inneren Mechanismen zur Eskalation führen, unerlässlich. Zwei Faktoren spielen dabei eine besonders wichtige Rolle: die Reaktanz und der Selbstwertschutz.

Reaktanz: Der Motor eines Konflikts

Wenn der virtuelle Schutzraum verletzt wird

Wenn sich Menschen subjektiv in ihrer Handlungsfreiheit eingeschränkt fühlen, antworten sie darauf mit einer sogenannten Reaktanz. Dieses Phänomen lässt sich besser verstehen, wenn man sich einen virtuellen Schutzraum um eine Person vorstellt, der durch Handlungen anderer verletzt werden kann. Jemand kann einem anderen durch sein Tun zu nahe kommen, ihn in unangenehmer Weise in der eigenen Handlungsfreiheit einschränken.

Im persönlichen Kontakt kommt dies vor, wenn ein Mensch einen anderen in Anwesenheit Dritter beleidigt oder ihm die Handlungsmöglichkeiten nimmt, z. B., indem er ihm den Mund verbietet. Reaktanz entsteht auch, wenn jemand in seinen angestammten Rechten verletzt wird. Ein typisches Beispiel dafür sind strukturelle Änderungen in Unternehmen, die die Mitarbeiter unvermittelt vor drastische Änderungen stellen.

Beispiel: Reaktion auf unvermittelte, drastische Änderungen

Zwei Verwaltungsämter fusionieren auf Beschluss der Geschäftsführer. Die Entscheidung verkünden diese den Mitarbeitern – kurz vor dem geselligen Teil – auf der Weihnachtsfeier ohne eine weitere Diskussion. Die Folge ist, dass in den nächsten eineinhalb Jahren die Leistung innerhalb der fusionierten Verwaltung in ungeahnte Tiefen sackt. Die Mitarbeiter schieben „Dienst nach Vorschrift", boykottieren Veränderungen, lassen sich krankschreiben usw.

Wie kommt es zu Reaktanz?

Reaktanz ist das Bedürfnis, Freiheitseinengung wieder aufzuheben

In einem gewissen Rahmen haben Menschen die Freiheit, bestimmte Handlungen auszuführen oder sie zu unterlassen. Es ist möglich, diese relative Handlungsfreiheit von außen einzuschränken, was die betroffene Person durchaus dulden kann. So stellen z. B. Aufträge, d. h. Anweisungen einer Führungskraft, auch Einschränkungen der Handlungsfreiheit dar. Mitarbeiter definieren sie aber in aller Regel im Arbeitskontext als erlaubt.

Anders gestaltet sich aber die Lage, wenn eine andere Person in einer Form an jemanden herantritt, die ihm eine Einengung seiner Handlungsfreiheit gegen seinen Willen aufzwingt. Dann entsteht das Bedürfnis, diese Freiheitseinengung wieder aufzuheben. Je wichtiger der eingeschränkte Teil des Handelns angesehen und je gravierender die Freiheitseinengung empfunden wird, desto stärker ist die Reaktanz. Sicherlich gibt es auch individuelle Unterschiede in der Neigung von Personen, Reaktanz zu zeigen – manche Menschen reagieren hier empfindlicher als andere.

Wie Mensch versuchen durch Reaktanz den eigenen Handlungsspielraum wieder herstellen

Auf welche Art Menschen versuchen, den eigenen Handlungsspielraum wiederherzustellen, sich die verlorene Freiheit gewissermaßen wiederzuholen, ist sehr unterschiedlich.

- Sichtbar sind der direkte Widerspruch und spontanes, aggressives Verhalten. Dieses Reaktion zeigt sich oft im Verhalten von Kindern. *Agressives Verhalten*
- Reaktanz kann sich aber auch in Handlungen zeigen, die auf den ersten Blick gar nicht als Versuch zu erkennen sind, eingeschränkten Spielraum zurückzuerobern. Die Person greift dann zum Mittel der subtilen Sabotage. Auch Dienst nach Vorschrift ist eine häufige Form der Reaktanz. *Subtile Sabotage*

Beispiel: Subtile Sabotage

Frau Jenko hat sich zu einem Kundenprojekt im Vorfeld sehr viele Gedanken gemacht. Als ihre Chefin ihr Konzept ohne viele Worte in der Luft zerreißt und ein ganz anderes Vorgehen anordnet, ist Frau Jenko tief in ihrem Innern getroffen.

Natürlich handelt sie so, wie ihre Vorgesetzte es ihr aufträgt, und wickelt die konkreten, operativen Aufgaben ganz exzellent ab. Allerdings überhört sie an gegebener Stelle einige Vorbehalte, die der Kunde ihr gegenüber in einem Telefonat äußert, mit dem Gedanken „dafür ist die Chefin schließlich selbst verantwortlich. Ich mache jetzt genau das, was mir gesagt wurde."

Nachdem das Projekt dann in unangenehmer Weise gegen die Wand gefahren ist, sitzt Frau Jenko mit ganz unschuldiger Miene in der Nachbesprechung und sagt auf die Vorwürfe der Chefin „Sorry, aber wir haben doch genau das getan, was Sie angeordnet hatten."

Sleeper-Effekt

- Bemerkenswert ist auch der sogenannte Sleeper-Effekt. Er tritt ein, wenn es für die Person ungünstig wäre, direkt eine Reaktanzreaktion zu zeigen, weil dies sofortige Sanktionen z. B. durch eine Führungskraft zur Folge hätte. Die betreffende Person unterdrückt zunächst ihre Reaktionen, bis sich eine günstige Gelegenheit ergibt, sich die verlorene Freiheit wiederzuholen. Das kann auch nach Wochen oder Monaten geschehen. Die Folge ist, dass Führungskräfte, die einen wenig kooperativen und eher autoritären Verhaltensstil pflegen und ihren Mitarbeitern häufig „auf die Füße treten", damit rechnen müssen, dass irgendwann eine Revanche stattfindet. Dies geschieht meist dann, wenn die Machtmittel aus irgendeinem Grund versagen, die Führungskraft z. B. in die Schusslinie einer übergeordneten Hierarchiestufe gerät.

Die Bedeutung der Reaktanz für Konflikte

Reaktanz führt zur Eskalation des Konflikts

Reaktanz ist dasjenige Element, das einen Konflikt erst zu einem klassischen Konflikt werden lässt: „So nicht" – diese Haltung führt zur Eskalation. Trotz, Wut, Enttäuschung, das Gegeneinander-Kämpfen, die Beleidigungen u. a. sind letztlich Versuche, die eigene Autonomie zu bewahren, die durch die Unvereinbarkeit des Wollens der Gegenseite mit dem eigenen Wollen angegriffen scheint. Aus diesem Grund ist die Reaktanz auch der größte Feind einer Konfliktlösung.

Kienbaum Expertentipp: Beugen Sie Reaktanz vor

Wenn Sie einen kooperativen Führungsstil pflegen, hat das keineswegs nur die Funktion, nett zu Ihren Mitarbeitern zu sein. Damit erzeugen und erhalten Sie vor allem deren Loyalität. Gerade im Führungskontext ist die Reaktanz der Feind der Loyalität.

Versuch den Selbstwert zu schützen

Wer als Außenstehender zwei Personen in einem heißen oder kalten Konflikt betrachtet, kann z. T. typische Verhaltensweisen beobachten: gegenseitige Schuldzuweisungen, das Negieren von eigenen Anteilen am Konflikt, Schwarz-Weiß-Denken und Wahrnehmungs-

verzerrungen. Werden die beiden Konfliktpartner dann separat befragt, passen die einzelnen Schilderungen der Situation oft in keiner Weise zusammen. Es scheint manchmal, als sei noch nicht einmal der Gegenstand der Auseinandersetzung klar – die Wahrnehmungen weichen völlig voneinander ab.
Solche Reaktionen lassen sich u. a. durch den Aspekt des Selbstwertschutzes beschreiben.

Welche Reaktionen der Selbstwertschutz hervorruft

Menschen streben danach, ihr Selbstwertgefühl zu schützen und zu erhöhen (s. Seite 28). Wie stark dieses Bedürfnis ist, hängt davon ab, wie gut das Selbstwertgefühl ausgeprägt ist: Je niedriger es bei einem Menschen ist, desto heftiger fallen mitunter seine Reaktionen aus, um die eigene Person zu schützen. Die Verhaltensweisen, die er dabei zeigen kann, sind u. a.

Reaktionen des Selbstwertschutzes

- *selektive Informationssuche*
  Personen suchen nach selbstwertstützenden Informationen. Eine Führungskraft könnte z. B. nach einem Misserfolg nach Hinweisen darauf suchen, dass auch viele andere Führungskräfte in ähnlichen Situationen Schwierigkeiten haben. Dabei unterschlägt sie allerdings, dass die Masse an Führungskräften dies vielleicht nicht hat.
- *Vergleich „nach unten"*
  Menschen wählen – insbesondere, wenn es um Aspekte geht, die mit Leistung verbunden sind – häufig Vergleichspersonen, die deutlich schlechter sind. Und dies auch, wenn die Bezugspersonen gar nicht für einen Vergleich taugen. So könnte sich eine Führungskraft, die einen Misserfolg in einer Kundenpräsentation erlebt hat, sagen: „... ach, meine Mitarbeiter hätten das auch nicht besser gemacht." Damit verkennt die Führungskraft natürlich, dass sie Führungskraft ist, weil sie es besser können soll.
- *Selbstwertdienliche Erklärungen von Erfolgen und Misserfolgen*
  Misserfolg wird durch externe Faktoren begründet, während Erfolge gern auf die Person selbst zurückgeführt, also internal erklärt werden (s. Seite 132).

Die Bedeutung des Selbstwertschutzes in Konflikten

Die Theorie des Selbstwertschutzes beschreibt zwar nicht das Auftreten von Konflikten. Sie beschreibt aber einige der Phänomene, die dabei zu beobachten sind. In Konflikten fühlt sich ein Mensch als Person angegriffen, hat Ängste vor eigener Bloßstellung und vor persönlicher Verletzung. Auch Angst vor dem Verlust von Ansehen und wichtiger Sozialkontakte spielt eine Rolle. Dann kann im Sinne des Selbstwertschutzes – etwas salopp ausgedrückt – vor sich selbst gelogen und betrogen werden, dass sich die Balken biegen. Absurde Handlungen erscheinen den Beteiligten in solchen Fällen rational und vernünftig. Auch die unterschiedlichen Wahrnehmungen des tatsächlichen Konfliktgegenstands durch die Konfliktparteien können durchaus selbstwertdienlich sein: Meist ist ja der andere Schuld – zumindest in der eigenen Konstruktion der Situation.

Konflikte bedrohen – je nach Intensität – oft das Selbstwertgefühl

Beispiel: Misserfolg im Training

Eine Trainerin erlebt eines Tages einen Super-GAU: ein Training, das sie offensichtlich völlig an den Bedürfnissen der Trainingsteilnehmer vorbei geplant hat und das zu entsprechend vernichtenden Kritiken führt. Noch Wochen danach schimpft sie über die Teilnehmer, macht die Situation verantwortlich und wälzt im Internet Berichte von Trainern und Trainerinnen, die ähnliche Misserfolge erlebt haben. Erst langsam findet sie den Weg zu realistischer Selbstkritik, die ihr dann allerdings ermöglicht, das Training entsprechend professionell zu überarbeiten und beim zweiten Durchlauf exzellent durchzuführen.

Die bittere und selbstwertbedrohende Erkenntnis, dass für dieses missglückte Training wohl weder die Teilnehmer noch irgendein anderer externer Umstand verantwortlich zu machen ist, kommt erst spät. In diesem Fall erfolgte die Interpretation des eigenen Misserfolgs selbstwertdienlich.

Viele der in Konflikten beobachtbaren irrationalen Verhaltens- und Sichtweisen entspringen dem Bedürfnis nach Selbstwertschutz. Hier setzt auch häufig eine sensible Konfliktmoderation an: Sie trachtet danach, beide Parteien „das Gesicht wahren zu lassen“. Das erreicht der Moderator u. a. dadurch, dass er sich in der Konfliktmoderation auf Lösungen fokussiert und nicht so sehr versucht, die schmerzhaften Auseinandersetzungen wieder und wieder zu diskutieren.

5.3 Auseinandersetzungen zwischen Gruppen

Sofern Konflikte nicht nur zwischen einzelnen Personen bestehen, sondern ganze Abteilungen in das Geschehen ziehen, tritt eine Reihe weiterer interessanter psychologischer Effekte auf.

Sozialer Vergleich und Uniformitätsdruck

Blockbildungen in Unternehmen sind typische Folgen von Gruppenkonflikten

Gruppenkonflikte führen typischerweise zu Blockbildungen in Unternehmen, einhergehend mit einem ausgeprägten Schwarz-Weiß-Denken. Eine Abteilung kämpft kollektiv gegen eine andere, ein Geschäftsführer streitet sich mit den Abteilungsleitern und der Betriebsrat kämpft gegen die Firmenleitung.

Beispiel: Konflikt zwischen Werbung und Vertrieb

In einem Unternehmen streiten sich Werbung und Vertrieb. Beide Abteilungen sind sich nur darin einig, dass die Mitarbeiter der jeweils anderen Abteilung Defizite im fachlichen wie im zwischenmenschlichen Bereich aufweisen. Auch eine mangelnde Serviceorientierung wird auf der jeweils anderen Seite gesehen. Die externen Kunden sahen dagegen in einer Befragung in beiden Abteilungen die gleichen Defizite.

Wie die Blockbildung vor sich geht

Blockbildung bedeutet, dass sich Gruppenmitglieder in ihrer Gruppenidentität einigen

Gruppenbildung ist zunächst ein völlig normaler Prozess und ist niemals der alleinige Grund für einen Konflikt. Allerdings wird in Unternehmen die Gruppenbildung dann problematisch, wenn dadurch die Identifikation mit der eigentlichen Gesamtgruppe, nämlich dem Unternehmen, in Gefahr gerät. Die Mitglieder einer Gruppe machen dann eine Unterscheidung wie „die anderen sind alle ..., wir dagegen sind ...“ Die andere erscheinen dann als ein relativ homogener Haufen von unsympathischen, gefährlichen und hintertriebenen Personen. Jede Kommunikation wird misstrauisch beäugt. Blockbildung heißt auch, dass die Gruppenmitglieder sehr eng zusammenrücken, und zwar in ihren Auffassungen, in ihrer Emotionalität und in der Bewertung von Freund und Feind.

Kienbaum Expertentipp: Neutralität bewahren

Wenn Sie als Moderator auftreten, ist es bei solchen Gruppenkonflikten eine der schwierigsten Aufgaben, nicht den Anschein von Neutralität zu verlieren. Schnell kann sich in der einen Gruppe die Meinung herausbilden, Sie argumentierten eigentlich für die anderen. Von diesem Moment an werden auch Sie als Feind betrachtet und mit Misstrauen übersät.

Auch mittelständische und kleine Unternehmen betroffen

Das Problem der Blockbildung ist keineswegs nur typisch für Großunternehmen, in denen man solche Phänomene schon aufgrund der schieren Größe vermuten würde. Auch in kleineren, mittelständischen Unternehmen kommt es häufig zu solch ungünstigen Gruppenprozessen. Abteilungen oder Teams identifizieren sich mehr mit der Leistung ihres eigenen, überschaubaren Arbeitsbereichs als mit dem insgesamt zu erreichenden Ziel. Das Konfliktpotenzial liegt also in der Gruppenidentität selbst begründet.

So führen Vergleiche zur Gruppenbildung

Es gibt Faktoren, die die Gruppenbildung – unabhängig, ob diese zu Konflikten und verhärteten Fronten führt oder nicht – erklären können. Einer davon ist der Vergleich mit anderen.

Wer ist das Vergleichsobjekt?

Menschen vergleichen sich selbst, d. h. ihre Fähigkeiten und Auffassungen mit anderen

Menschen ziehen zum Vergleich nicht nur objektive Standards heran. Nach dem Ähnlichkeitspostulat wählen sie dazu – allerdings nicht immer – auch Personen aus einem Pool möglichst ähnlicher Vergleichspersonen aus. Als ähnlich gelten in der Regel die Mitglieder der Gruppe, der man sich zugehörig fühlt: „Mein Team". Der Vergleich erfolgt also zunächst mit Mitgliedern der eigenen Abteilung oder des eigenen Teams. Das wiederum führt in der Art eines Kreislaufs dazu, dass sich die Gruppenidentität stabilisiert und die Gruppe sich damit zu einer anderen Gruppe abgrenzt.

Gleiche Meinung führt zur Abgrenzung von anderen

Darüber hinaus sind Gruppenmitglieder bestrebt, in der Gruppe Meinungs- und Fähigkeitsunterschiede auszugleichen. Sie wollen sich hinsichtlich dessen, was man kann und welche Auffassung man vertritt, annähern. So kann ein bisweilen sehr starker Uniformitätsdruck entstehen. Wenn einzelne Gruppenmitglieder ihre individuellen Positionen verändern, kann sich diese Uniformität bis hin zu einem virtuellen Gruppenstandard steigern: In Diskussionen bildet sich eine Art Gruppenmeinung. Umgekehrt kann jemand auch versuchen, die Gruppenmeinung in seinem Sinne zu beeinflussen. Eine solche Tendenz führt dann in gewisser Weise zu einer Meinungsführerschaft innerhalb einer Gruppe.

Zentraler Motor für die Gruppenbildung ist der soziale Vergleich

Eine weitere Folge des Strebens nach einer uniformen Meinung ist der vergrößerte Abstand zu einer anderen Gruppe. Eine andere Abteilung, mit der eigentlich im Sinne des gemeinsamen Unternehmensziels zusammengearbeitet werden müsste, entfernt sich damit noch weiter von der Ausgangsgruppe.

Beispiel: Gruppenbildung

Eine neue Abteilung wird gegründet mit einem enthusiastischen, neuen Abteilungsleiter. Dieser treibt den Teamgedanken derart auf die Spitze, dass es nicht mehr möglich ist, das neue Team in das Gefüge der anderen Abteilungen einzugliedern. Je besser sich die Teammitglieder innerhalb des Teams verstehen, desto größer wird die Distanz nach außen. Erste Warnsignale der anderen Mitarbeiter werden abqualifiziert: „Die sind doch nur neidisch, weil wir uns so gut verstehen." Irgendwann nehmen die übrigen Mitarbeiter das gesamte Team als fremd wahr und beziehen es in abteilungsübergreifende Projekte nicht mehr ein.

Kernpunkt und Motor ist der soziale Vergleich

Vorangetrieben durch den sozialen Vergleich geraten Gruppen in Bewegung, bilden gleichsam eine noch stärkere Gruppenidentität. Abteilungen, die als gegnerisch empfunden werden, werden aus dem Vergleich ausgeschlossen. Das hat zur Folge, dass die Gruppenmitglieder gar nicht mehr erkennen wollen, dass auch in der anderen Gruppe durchaus bedenkenswerte Ansichten vorhanden sind. Wo kein Vergleich mehr herrscht, herrscht auch kein Austausch – eine für die beschriebene Blockbildung sehr förderliche Bedingung.

Wie Gruppenmitglieder ausgesondert werden

Auch mit Gruppenmitgliedern, die sehr weit vom Gruppenstandard abweichen, wird der Vergleich abgebrochen. Geschieht dies durch mehrere Personen, wird das entsprechende Mitglied gleichsam ausgesondert. Die Gruppe schneidet irgendwann das als unbelehrbar wahrgenommene Teammitglied.

Gerade in Konfliktsituationen droht Gefahr

Gerade in kritischen Situationen, z. B. in Konflikten, ist der Druck innerhalb der Gruppe hin zu einer Kommunikation, die den Zusammenhalt festigt, besonders groß. Einfach ausgedrückt: In Zeiten relativer Ruhe können und dürfen die Meinungen schadlos voneinander abweichen. Die Gruppenmitglieder diskutieren dann miteinander und empfinden andere Meinungen nicht als bedrohlich. Anders sieht es im Konfliktfall aus, dann unterliegen abweichende Meinungen einzelner Mitglieder einem wesentlich größeren Anpassungsdruck. So entsteht ein starker Uniformitätsdruck, die Gefahr ist groß, schnell aus der jeweiligen Gruppe ausgesondert zu werden. Führungskräfte haben gerade in Konfliktsituationen die Aufgabe, den Uniformitätsdruck innerhalb eines Teams so zu steuern, dass einerseits ein positives Teamklima entstehen kann, andererseits keine ungünstige Ausgrenzung von Meinungen stattfindet.

Was Sie gegen die Blockbildung unternehmen können

Austausch zwischen Gruppen ermöglichen

Unternehmen sollten ihren Mitarbeitern ein bereichsübergreifendes Arbeiten oder bereichsübergreifenden Austausch – egal, in welcher Form – ermöglichen. Das wirkt der Abschottung einzelner Gruppen und damit den Mechanismen einer Blockbildung entgegen. Der Austausch erweitert das Feld potenzieller sozialer Vergleichsgruppen. Viele massive Konflikte in Unternehmen entstehen, weil dieses einfache Prinzip missachtet wird.

Kienbaum Expertentipp: Abschottung verhindern

Als Führungskraft sollten Sie es auf keinen Fall zulassen, dass sich Ihre Abteilung abschottet. Das kann auch geschehen, wenn in Ihrem Team ein ausgezeichnetes Klima herrscht und es durch die gemeinsame Arbeit zusammengeschweißt wird. Auch wenn das im Sinne des Teambuildings eigentlich eine positive Sache ist, sollten Sie die Grenzen immer offen halten, um der fast unvermeidlichen Blockbildung entgegenzuwirken.

5.4 Wie Sie Konflikte bewältigen und nutzen können

Während eines Konflikts kann es vorkommen, dass die beteiligten Parteien merkwürdig gelähmt erscheinen, so als würde der Zwist alle Energie und Kraft, und zwar sowohl die persönliche als auch die der Organisation, binden. Erst wenn er bewältigt ist, sind die Menschen wieder arbeitsfähig und konzentrieren sich Organisationen wieder auf ihre eigentlichen Ziele. Einen Konflikt zu bewältigen bedeutet, die Spannungen, die die Parteien trennen, aufzuheben, egal ob diese persönlich, strukturell oder sachlich bedingt sind.

Im Rahmen der Konfliktbewältigung gilt es, zwischen zwei unterschiedlichen Situationen zu unterscheiden: Entweder man ist selbst in die Auseinandersetzung involviert, z. B. als Mitglied einer Gruppe oder als Einzelperson, oder man ist aufgerufen, als Moderator einen Konflikt zu schlichten. Das Vorgehen ist in diesen Situationen naturgemäß jeweils ein völlig anderes. Das Hauptziel, nämlich den Streit beizulegen, ist in beiden Fällen gleich. Der Weg dahin ist aber unterschiedlich. Grundsätzlich kann sich ein Konflikt auf verschiedene Weisen zum Ende hin entwickeln:

Konflikte werden gelöst, geregelt oder entschieden

- Er wird gelöst, d. h., die Spannung der Unvereinbarkeiten wird beseitigt, die Parteien einigen sich.
- Er wird geregelt, d. h., er wird nicht wirklich gelöst – manchmal ist das nicht möglich -, sondern lediglich offengelegt und als vorhanden akzeptiert. Mit dieser offenliegenden Spannung müssen die Beteiligten dann leben. Das ist aber besser, als einen unausgesprochenen Konflikt zu durchleiden.
- Er wird extern entschieden, z. B. durch eine Führungskraft. So könnte ein Abteilungsleiter entscheiden, dass die Prozeduren, um die sich Mitarbeiter gestritten haben, in Zukunft auf eine bestimmte Weise ablaufen sollen. Allerdings muss die Führungskraft in diesem Fall womöglich mit Reaktanz einer oder sogar beider beteiligten Parteien rechnen, die sich womöglich durch die Entscheidung in ihrer Autonomie beeinträchtigt sehen.

In der Theorie ist eine Konfliktlösung ganz einfach: Es gilt, zu erkennen, warum ein Konflikt vorliegt, und dann, die Ursachen dafür zu beseitigen, sofern dies möglich ist. Aber schon das Erkennen gestaltet sich oft schwierig, insbesondere aus der Perspektive eines Beteiligten. Und auch die Ursachenbeseitigung ist nicht immer einfach.

Einen Konflikt als Moderator lösen

Moderator ist nicht am Konflikt beteiligt

Als Moderator eines Konflikts hat die Führungskraft die Aufgabe, einen Konflikt, in den sie nicht selbst involviert ist, zu schlichten bzw. zu lösen oder gar zu entscheiden.

Beispiel: Die Funktion des Moderators

Herr Bornemann ist Berater bei einer kleinen Beratungsfirma im Rheinland. Der Vorstand der städtischen Werke einer benachbarten Stadt beauftragt ihn mit der Lösung eines inzwischen lang andauernden Konflikts zwischen den zwei Geschäftsführern. Diese tragen mit ihrem Konflikt dazu bei, dass viele Abläufe innerhalb des Hauses nur noch unzureichend funktionieren. So blockieren sie sich oft mit Ihren Entscheidungen gegenseitig, streiten um den eigenen Einflussbereich und bringen die ihnen zugeordneten Mitarbeiter gegeneinander in Stellung.

Für eine erfolgreiche Konfliktlösung bietet sich ein Vorgehen nach vier Regeln an.

Regel 1: Erhöhen Sie die subjektiven Kosten für die Aufrechterhaltung des Konflikts

Auch die Konfliktlösung bringt unangenehme Dinge mit sich

Der Moderator sollte im ersten Schritt die subjektiven Kosten für die Aufrechterhaltung des Konflikts erhöhen. Es muss für die beteiligten Parteien schmerzhafter sein, den Konflikt fortzuführen als ihn zu beenden. Das klingt zunächst paradox, sollte man doch annehmen, dass sich Menschen sogar gern aus einem Konflikt befreien. Weit gefehlt! So unangenehm Konflikte sein mögen, auch die Konfliktlösung bringt unangenehme Dinge mit sich. So verlieren die Personen z. B. ihr Feindbild, müssen sich womöglich im Verlauf der Konfliktlösung entschuldigen, ihr Verhalten verändern usw. Menschen streben häufig nach Stabilität – die auch Konflikte bieten können. Und der Moderator eines Konflikts bringt einerseits Entlastung, andererseits aber auch Unruhe in den lieb gewonnenen Trott.

Beispiel: Erhöhung der subjektiven Kosten

Herr Bornemann stellt die beiden Geschäftsführer zu Beginn der Moderation vor folgende Situation: Mit Rückendeckung des Vorstands wird er im Fall, dass der Konflikt nicht gelöst werden kann, einen der beiden Geschäftsführer auswählen, der dann das Unternehmen zu verlassen habe. Um die Lösung in beiderseitigem Einvernehmen zu erreichen, bietet er jedoch seine partnerschaftliche Hilfe im Prozess an.

Regel 2: Seien Sie neutral, was die Inhalte betrifft. Seien Sie parteiisch im Prozess

Steuern heißt, in jeder Phase die Zügel in der Hand zu behalten

Der Moderator muss neutral bleiben, was die Inhalte betrifft. Im Prozess jedoch muss er parteiisch sein. Das hat nichts mit Nettigkeit zu tun, wie die Neutralität noch in den siebziger Jahren des letzten Jahrhunderts gesehen wurde. Es geht nicht um ein freundliches und wenig steuerndes Herum-Moderieren nach dem Motto „Vertragt euch doch bitte!“. Ein solches Vorgehen hat sich in der Praxis als falsch herausgestellt. Ein Konfliktmoderator muss in höchstem Maße steuern. Allerdings – und hier liegt der entscheidende Punkt – nur den Prozess und den Fortgang, niemals die Inhalte. Steuern heißt letztlich auch, eine gewisse Autorität auszustrahlen, die notwendig ist, um die sich emotional streitenden Parteien auch hin zur Konfliktlösung führen zu können.

Kienbaum Expertentipp: Neutralität

Die strikte Neutralität hinsichtlich der Inhalte hat noch einen anderen Grund: Als Moderator können Sie in die unangenehme Lage geraten, dass sich die streitenden Parteien gegen Sie verbünden. Vergessen Sie nicht, dass teilweise beide Parteien die Tendenz haben, im lieb gewonnenen Konflikt zu verharren, was Sie als Moderator natürlich verhindern wollen. Sie sind also eine Art Unruhestifter, der – sofern er sich seinerseits gewisse Fehler erlaubt – gnadenlos in den Konflikt hineingezogen wird.

Beispiel: Persönliche Sympathien außen vor lassen

Herr Bornemann wehrt sich im Konfliktlösungsprozess erfolgreich gegen jeden Versuch, von einer der beiden Seiten inhaltlich vereinnahmt zu werden oder als Schiedsrichter bei bestimmten inhaltlichen Differenzen zu fungieren. Sehr entschieden fährt er immer dann dazwischen, wenn er das Gefühl hat, einer der Teilnehmer blockiere eine gemeinsame Lösung. Ein solcher Versuch kann sich z. B. durch langes Monologisieren äußern oder dadurch, dass unmögliche Konstruktionen hinsichtlich einer Lösung entworfen werden, z. B. „... so geht's nicht, so geht's nicht und so auch nicht. Also finden wir keine Lösung!"

So muss er auch gegenüber demjenigen Teilnehmer, der ihm persönlich sympathischer ist, in einer bestimmten Situation vergleichsweise barsch reagieren.

Regel 3: Legen Sie den Konflikt offen

Die Facetten des Konflikts sichtbar machen

Konfliktmoderation bedeutet im Kern, dass der Moderator das dumpfe, emotionale und wenig fassbare Gewirr entzerrt und transparent macht. Es muss ihm gelingen, die einzelnen Facetten der Auseinandersetzung im Verlauf der Konfliktmoderation für alle Anwesenden sichtbar zu machen. Dies bezieht sich auf die dem Konflikt zugrunde liegenden Sachprobleme, mehr noch aber auf die emotionalen Verstimmungen. Im Idealfall sollten die einzelnen Facetten des Konflikts vor den Konfliktparteien wie auf einem Präsentierteller ausgebreitet sein, um wirklich zu einer befriedigenden und dauerhaften Lösung kommen zu können.

Beispiel: Offenlegung des Konflikts

Im Falle der zwei Geschäftsführer gleicht die Konfliktmoderation in ihrer Bewegtheit einem Schiff auf hoher See. Was sich Herrn Bornemann anfangs als Sachproblem, dann als Prozesskonflikt darstellt, entpuppte sich spätestens am zweiten Tag als massiver Rollenkonflikt der beiden Geschäftsführer. Bevor aber dieser nicht gelöst werden kann, braucht man sich den Sachproblemen und den gestörten Prozessabläufen nicht weiter zuzuwenden.

Regel 4: Gehen Sie keinen Schritt ohne das ausdrückliche Mandat aller Parteien

Für jeden Schritt im Rahmen der Konfliktmoderation muss das ausdrückliche Einverständnis aller Beteiligten vorliegen. Es geschieht leicht, dass eine Konfliktpartei auf dem Weg zur Lösung verloren geht. Das aber bedeutet, dass der Konflikt nur scheinbar gelöst wird, dass einige Beteiligte im Nachhinein anders handeln, als sie in der Situation der Konfliktlösung behauptet haben.

Alle Parteien müssen die Lösung, das ausgehandelte weitere Vorgehen oder den vereinbarten Umgang miteinander tragen. Sonst tritt mit sehr hoher Wahrscheinlichkeit Reaktanz ein.

Alle Parteien müssen der Lösung zustimmen

Einen Konflikt als Beteiligter lösen

Anders gelagert, aber ähnlich diffizil, gestaltet sich die Konfliktlösung, wenn die Führungskraft selbst als Person in den Konflikt involviert ist. In diesem Fall greifen die genannten Regeln in weiten Teilen nicht. Steht in diesem Fall kein Moderator als Unterstützung zur Verfügung, wird Konfliktlösung sehr schwierig. Denn ein Kennzeichen einer Auseinandersetzung ist, dass die objektive Betrachtung der Situation eingeschränkt ist. Die Parteien sind nicht neutral. Für sie ist es wegen der Vielzahl psychologisch relevanter Mechanismen – angefangen bei Wahrnehmungsverzerrungen bis hin zum Selbstwertschutz – schwierig, mögliche Lösungen zu erkennen.

Zur Lösung kann ein direkter Dialog, das lösungsorientierte Gespräch beitragen. Doch zunächst muss sich die Führungskraft als Beteiligter entschlossen haben, den Konflikt ausräumen zu wollen – und bis dahin ist es manchmal ein weiter Weg. Ein solch lösungsorientiertes Gespräch beinhaltet vier Bausteine, die chronologisch aufeinander aufbauen.

Wunsch, den Konflikt zu beenden, steht am Anfang

Kontrollieren Sie Ihre Emotionalität

Aggressionen, Abneigung, womöglich Angst vor dem Gesprächspartner sollten in dieser Phase kontrolliert werden können. Sonst ist eine konstruktive Konfliktlösung von vornherein verbaut. Dazu ist es hilfreich, sich die emotionsauslösenden Aspekte der Situation – soweit dies möglich ist – selbst zu verdeutlichen.

Stellen Sie Vertrauen her

Im Gespräch selbst gilt es, zuallererst Vertrauen aufzubauen. Das entsteht durch eine gewisse Selbstoffenbarung und indem eigene Gefühle mitgeteilt werden. Die Führungskraft sollte zunächst über ihre Sicht der Dinge sprechen, statt den anderen sofort anzugreifen. Auf diese Weise gibt sie sich gewissermaßen schutzlos und signalisiert Offenheit. Sie zeigt dem anderen, das ihr ernsthaft an einer Lösung gelegen ist.

Kienbaum Expertentipp: Nutzen Sie Ich-Botschaften

Benutzen Sie Ich-Botschaften statt Du-Botschaften. Also: „Mich ärgert, dass wir gegenüber den Kunden wieder in Verzug sind." statt: „Sie haben mal wieder alles verbockt."

Kommunizieren Sie offen

Gemeinschaftliche Konfliktlösung statt konfrontatives Aufeinandertreffen

Die Führungskraft sollte es vermeiden, das Verhalten des anderen zu bewerten. Es gilt, zu signalisieren, dass sie an einer gemeinsamen Konfliktlösung interessiert ist, dass es sich bei dem Gespräch eben nicht um ein konfrontatives Aufeinandertreffen handelt, wie es das bislang womöglich war, dass darin nach einer gemeinsamen Lösung gesucht werden soll. Die Führungskraft sollte beschreiben, statt zu bewerten, partnerschaftlich sein statt überlegen, sich suchend statt wissend geben.

Suchen Sie Lösung und treffen Sie verbindliche Regelungen

Wer in eine Konfliktlösung geht mit dem Ziel, seine eigene Position durchzusetzen, wird den Konflikt erneut anheizen. Stattdessen sollten die Konfliktparteien das Problem gemeinsam definieren. Die Führungskraft sollte Konzessionen machen und kreativ nach einer Lösung suchen. Es geht um ein Geben und Nehmen, um einen Kompromiss. Zuletzt ist Verbindlichkeit sehr wichtig. Die besprochenen Lösungen sollten deutlich und klar ausgesprochen und womöglich fixiert werden.

Kienbaum Expertentipp: Gesprächstechniken

Im Rahmen eines lösungsorientierten Gesprächs begeben Sie sich auch in die Rolle eines Moderators – allerdings mit dem Unterschied, dass Sie selbst in den Konflikt involviert sind. Hilfreich sind in solchen Phasen spezielle Gesprächstechniken, wie z. B. das aktive Zuhören, der konfrontative Dialog, Ich-Botschaften und bei Bedarf auch moderative Techniken, um Lösungen zu erarbeiten, die für beide Seiten tragbar sind.

Wie Sie Konflikte nutzen

Basis für Innovation und Weiterentwicklung

Immer wieder ist zu lesen und zu hören, dass man Konflikte nutzen solle. Nur – wie geht das? Schließlich sind Auseinandersetzungen zunächst unangenehm. Aus der professionellen Perspektive heraus aber zeigt sich, dass Konflikte in Unternehmen sehr häufig die Grundlage für Innovationen und Weiterentwicklung waren, vorausgesetzt, sie wurden wirklich gelöst und gleichzeitig genutzt.

Harmonie führt zu Stillstand

Dies liegt daran, dass ein ausgeglichenes Gesamtumfeld im beruflichen Kontext zwar gut für das allgemeine Klima sein mag, ausgesprochene Harmonie aber nachgewiesenermaßen nicht zu einer kontinuierlichen Weiterentwicklung führt. Einige im psychologischen Umfeld häufig untersuchten Variablen erklären dieses Phänomen.

Lernen durch Erfolge

Menschen und damit auch Organisationen lernen durch Erfolg. Paradoxerweise wird das Verhaltensrepertoire im Zustand der Sorglosigkeit immer geringer. Hintergrund ist, dass Zufriedenheit mit sich und der Welt zu einer Verfestigung der Erfolg versprechenden Verhaltensweisen führt: „Man richtet sich ein."

Stellen Sie sich zwei Firmen vor: eine, die sich in den letzten Jahren in einem permanenten Wettkampf mit Konkurrenten befunden hat, und die andere, die aus irgendwelchen Gründen aus einer komfortablen Monopolsituation in ein für sie ungeübtes und rabiates wirtschaftliches Umfeld gestoßen wird. Welche der beiden Firmen wird sich eher behaupten? Durch das Wegbrechen ganzer Märkte ist dies in vielen Branchen insbesondere in den Jahren 2000/2001 geschehen und konnte so auch im individuellen Umfeld beobachtet werden.

Menschen lernen nichts Neues, wenn sie nicht permanent den Erfolg erleben, der dadurch entsteht, dass sie herausfordernde Aufgaben bewältigen. Und nichts dazuzulernen heißt Stagnation. Konflikte bieten in diesem Rahmen Herausforderungen, sie legen strukturelle und inhaltliche Defizite offen, an denen gearbeitet und damit auch gelernt werden kann.

Konflikte sorgen für Bewegung

Menschen überlegen, ob sich der Energieeinsatz lohnt

Etwas zu verändern bedeutet, Energie zu investieren. Und natürlich wägen Menschen zunächst einmal ab, ob es sich für die Sache lohnt, etwas zu investieren. Wer sich in einer komfortablen Position befindet, empfindet überhaupt keine Soll-Ist-Diskrepanz und somit keinen Veränderungsbedarf. Erst wenn das System gestört wird, geraten Menschen wieder in Bewegung. Und Konflikte sind nichts anderes als solche Störungen.

Das Risiko wird minimiert

Viele Menschen empfinden es als risikoärmer, den Ist-Zustand beizubehalten als in einen unsicheren – wenn auch erwünschten – Soll-Zustand zu wechseln. Der Wechsel einer Strategie, einer Organisationsform etc. bringt immer das Risiko des Scheiterns mit sich. Je positiver der Ist-Zustand erlebt wird, desto geringer erscheint der Nutzen, in einen anderen Zustand zu wechseln. Das beobachtbare Beharrungsvermögen von Menschen und Organisationen kann im Grunde nur durch Konflikte durchbrochen werden. Wenn Führungskräfte im Rückblick auf ein langes Berufsleben von Situationen berichten, in denen sie besonders viel gelernt haben, in denen sie selbst für ihre Person wichtige Entwicklungsschritte gemacht haben, sind dies sehr häufig konfliktäre Situationen.

Kienbaum Expertentipp: Nutzen Sie Konflikte

Als Führungskraft können Sie von Konflikten profitieren. Sie erhalten z. T. notwendige Impulse für Innovationen innerhalb Ihres Team oder der Abteilung. Konflikte deuten in jedem Fall auf Entwicklungspotenziale hin. Das gilt auch für rein zwischenmenschliche Auseinandersetzungen, die zumindest dazu dienen, die beteiligten Mitarbeiter durch Konfliktmoderation und Feedback weiterzuentwickeln – was eine Ihrer zentralen Führungsaufgaben ist.

Formulare und Arbeitsmittel

Professionelle Hilfsmittel unterstützen Sie bei Ihren Führungsaufgaben. Nutzen Sie für die Beurteilung von Mitarbeitern und Bewerbern die folgenden Kopiervorlagen. Die Vorlagen sind hier verkleinert dargestellt, damit Sie sie beim Kopieren vergrößern können.

- Bearbeitung von Bewerbungsunterlagen
- Strukturierter Interviewleitfaden
- Leistungsprofil
- Kienbaum-Motivationsanalyse

So gehen Sie vor: Vergrößern von DIN A5 auf DIN A4

Stellen Sie auf Ihrem Kopierer die Funktion „Vergrößern" und dann „von A5 auf A4" oder „um 141%" ein, um die Vorlagen auf das Format DIN A4-Format zu kopieren.

Bearbeitung von Bewerbungsunterlagen

Beobachtung/Fakt	Hypothese/Folgerung

Strukturierter Interviewfaden

Merkmal: Konfliktfähigkeit
Einstiegsfragen
Schildern Sie uns bitte eine berufliche Konfliktsituation, in die Sie involviert waren. • Wie sind Sie vorgegangen, um diesen Konflikt zu lösen?
Wie glauben Sie, gehen/gingen die meisten Ihrer Kollegen mit Meinungsverschiedenheiten und Konflikten um? • Was würden Sie diesen Kollegen raten, um eventuell besser mit konfliktären Situationen umzugehen?
Wann sind Meinungsverschiedenheiten und Konflikte zielführend? Wann nicht?
Wie sorgen Sie für eine möglichst konfliktfreie Zusammenarbeit?

Verhaltensanker	+	∅	-
• Lässt sich auch bei persönlichen Angriffen nicht aus dem Gleichgewicht bringen.			
• Erkennt die Vielschichtigkeit von Konflikten, z. B. die verschiedenen Ebenen, in denen Konflikte angesiedelt sein können.			
• Verfügt über verbale Strategien, in Konfliktgesprächen Probleme zu erfragen, den Standort der Gegenseite zu ermitteln.			
• Erkennt die unterschiedlichen Interessen von Konfliktparteien.			
• Trägt Konflikte aus, neigt nicht zu eine Unterdrückung von Konflikten im Sinne von Harmonie.			

Durchschnittliche Gesamtbewertung	

Erläuterungen

Leistungsprofil

	1	2	3	4	5	6	7
Problemlöseverhalten							
Organisation/Planung	O	O	O	O	O	O	O
Analysevermögen	O	O	O	O	O	O	O
Entscheidungsverhalten	O	O	O	O	O	O	O
Rhetorik	O	O	O	O	O	O	O
Gesprächsführung	O	O	O	O	O	O	O
Zwischenmenschliches Verhalten							
Führung	O	O	O	O	O	O	O
Einfühlungsvermögen	O	O	O	O	O	O	O
Teamfähigkeit/Kooperation	O	O	O	O	O	O	O
Durchsetzungsvermögen/Überzeugungskraft	O	O	O	O	O	O	O
Motive und Einstellungen							
Flexibilität	O	O	O	O	O	O	O
Verantwortungsbewusstsein	O	O	O	O	O	O	O
Unternehmerisches/strategisches Denken	O	O	O	O	O	O	O
Belastbarkeit/Stressresistenz	O	O	O	O	O	O	O
Leistungsmotivation	O	O	O	O	O	O	O
Ergebnis- und Zielorientierung	O	O	O	O	O	O	O

Kienbaum-Motivationsanalyse

Kienbaum-Motivationsanalyse					
	gering ausgeprägt				hoch ausgeprägt
	1	2	3	4	5
Einflussmotivation will Einfluss auf andere besitzen	O	O	O	O	O
Erfolgsmotivation will sich neue, herausfordernde und schwierige Ziele setzen und erreichen	O	O	O	O	O
Veränderungsmotivation will Strukturen verändern, bewegen	O	O	O	O	O
Problemlösemotivation will in Aktivität stehen und auch unter widrigen Umständen Probleme lösen	O	O	O	O	O
Misserfolgsmotivation will Aufgaben richtig machen, Fehler vermeiden	O	O	O	O	O
Wettbewerbsmotivation will sich mit anderen messen, eigene Leistung mit anderen vergleichen	O	O	O	O	O
Neuigkeitsmotivation will Abwechslung haben durch immer wieder neue und unbekannte Aufgaben	O	O	O	O	O
Anschlussmotivation will angenehme Kontakte zu Kollegen und ein gesundes Betriebsklima haben	O	O	O	O	O
Statusmotivation will Ansehen im Beruf/in der Gesellschaft haben (anerkannte Position, nach außen sichtbare Symbole)	O	O	O	O	O
Hilfsmotivation will das Gefühl haben, gebraucht zu werden und helfen zu können	O	O	O	O	O
Feedbackmotivation will Anerkennung/Rückmeldung von Mitarbeitern/Vorgesetzten bekommen	O	O	O	O	O
Zahlenmotivation will Freude haben an der Steigerung seiner Geschäfts-/Verkaufszahlen	O	O	O	O	O
Materielle Motivation will hohes Gehalt und damit verbundenen Lebensstil erreichen/halten	O	O	O	O	O
Entwicklungsmotivation will die eigene Persönlichkeit erfahren und weiterentwickeln	O	O	O	O	O
Lagemotivation will alles geregelt, geordnet sehen	O	O	O	O	O
Werkstolz will etwas Eigenes schaffen, kreativ sein, etwas Bleibendes hinterlassen	O	O	O	O	O

Stichwortverzeichnis